架空输电线路
无人机巡检 应用技术

《架空输电线路无人机巡检应用技术》编委会 编

中国电力出版社
CHINA ELECTRIC POWER PRESS

内 容 提 要

输电线路巡检是电力系统运行维护与安全保障的一项重要工作，对输电线路进行定期巡查，随时了解、掌握输电线路的运行情况以及线路周围环境和线路保护区的变化情况，便于及时发现、消除隐患，预防事故的发生。同时，随着航空航天、传感器及遥感遥测技术的发展进步，输电线路巡检模式已从传统的地面人工巡检模式逐步向无人机巡检模式发展过渡。利用直升机、无人机搭载巡检人员和设备进行输电线路巡视检查，掌握其运行状况及周围环境变化，发现设备缺陷和安全隐患，已成为一种必然趋势。无人机巡检技术具有不受地形环境限制、效率高、作业范围广等优点，对于提高输电线路的巡检质量，保障输电线路安全运维具有特别重要的意义。

全书共包括八章内容，分别为输电线路无人机巡检技术的发展与现状、输电线路巡检无人机的分类与选型、无人机巡检前准备和检查、无人机巡检方法、无人机航线规划、图像管理与研判分析、新技术应用及无人机法律法规。

本书可供从事无人机巡检、输电线路运维检修等行业相关技术人员和生产管理人员参考使用，也可作为相关专业的员工培训用书。

图书在版编目（CIP）数据

架空输电线路无人机巡检应用技术/《架空输电线路无人机巡检应用技术》编委会编 . —北京：中国电力出版社，2020.11（2025.1 重印）
ISBN 978 - 7 - 5198 - 4847 - 7

Ⅰ.①架… Ⅱ.①架… Ⅲ.①无人驾驶飞机—应用—架空线路—输电线路—巡回检测 Ⅳ.①V279②TM726.3

中国版本图书馆 CIP 数据核字（2020）第 148323 号

出版发行：中国电力出版社
地　　址：北京市东城区北京站西街 19 号（邮政编码 100005）
网　　址：http://www.cepp.sgcc.com.cn
责任编辑：邓慧都（010-63412636）
责任校对：黄　蓓　郝军燕
装帧设计：张俊霞
责任印制：石　雷

印　　刷：固安县铭成印刷有限公司
版　　次：2020 年 11 月第一版
印　　次：2025 年 1 月北京第九次印刷
开　　本：710 毫米×1000 毫米　16 开本
印　　张：9.25
字　　数：148 千字
印　　数：4501—5000 册
定　　价：70.00 元

编　委　会

主　　编：赵罡

副主编：方　涛　　白建军　　张宏嘉　　叶　鹏

编写人员：叶晓壮　　王祥正　　陈鹏勇　　赵亚锋　　王惠玉

　　　　　张　震　　李远航　　张　萌　　佘彦杰　　田宇辉

　　　　　赵东平　　王毅凡　　朱明昊　　王凯明　　负飞龙

　　　　　吕宝宝　　武　强　　乔荣波　　胡宗贤　　贺　鑫

　　　　　孙　亮　　郭富红　　管　霄　　赵亚菲　　刘　宾

　　　　　马抗震　　张　莹　　马耀杰　　张继红　　高　远

　　　　　赵银雷　　董　振　　王　旭

　　输电线路是电网的重要组成部分，其状况直接关系整个电网的安全可靠运行。输电线路巡检是电力系统运行维护与安全保障的一项重要工作，对输电线路进行定期巡查，随时了解、掌握输电线路的运行情况以及线路周围环境和线路保护区的变化情况，便于及时发现、消除隐患，预防事故的发生。

　　随着特高压、超高压远距离输电技术不断发展，电网规模日益扩大，输电线路通道日益远离城市和主要交通道路，线路走廊交叉跨越和周边地形环境也日益复杂，经常需要穿越诸如河流湖泊、山区丘陵等特殊区段。我国传统电网输电线路巡检主要通过运维人员依靠地面交通工具或徒步行走、借助手持仪器或肉眼来巡查和处理缺陷，不仅劳动强度大、工作条件艰苦，而且效率低下，已不能适应现代电网发展和安全运维需要。

　　同时，伴随着航空航天、传感器及遥感遥测技术的发展进步，输电线路巡检模式已从传统的地面人工巡检模式逐步向无人机巡检模式发展过渡。利用直升机、无人机搭载巡检人员和设备进行输电线路巡视检查，掌握线路运行状况及周围环境变化，发现设备缺陷和安全隐患，已成为一种必然趋势。无人机巡检技术具有不受地形环境限制、效率高、作业范围广等优点，对于提高输电线路的巡检质量，保障输电线路安全运维具有特别重要的意义。

　　本书编者们长期从事输电运检工作，在总结多年现场经验的基础上编写了《架空输电线路无人机巡检应用技术》。全书共包括八章内容，分别为输电线路无人机巡检技术的发展与现状、输电线路巡检无人机的分类与选型、无人机巡检前准备和检查、无人机巡检方法、无人机航线规划、图像管理与研判分析、新技术应用及无人机法律法规。衷心希望本书对输电线路巡检的介绍分析与现场经验的总结，对于推动当前电力线路巡检技术的快速发展具有一定的参考和借鉴作用。

由于无人机巡检是一项新兴、蓬勃发展的技术，一些原理和技术方法还在不断探索中，加之作者水平有限、时间仓促，本书在编写过程中难免会存在疏漏和不妥之处，欢迎广大读者批评和指正。

编　者

2020 年 11 月

目 录

前言

第一章 输电线路无人机巡检技术的发展与现状

第一节 输电线路无人机巡检技术的发展

随着特高压、超高压远距离输电技术的不断发展，电网规模的日益扩大，输电线路通道越来越远离城市和主要交通道路，线路走廊交叉跨越和线路周边地形环境也越来越复杂，经常需要穿越诸如河流湖泊、山区丘陵等特殊区段。为避免电力线及杆塔附件长期暴露在野外，容易因持续受到机械张力、雷击闪络、材料老化、人为的影响而产生倒塔、断股、磨损、腐蚀等损伤，必须及时检修。此外还存在绝缘子被雷击损伤，树木生长引起输电线放电等意外情况，必须及时处理。因此，需对输电线路进行定期巡查，随时了解、掌握输电线路的运行情况以及线路周围环境和线路保护区的变化情况，以便及时发现、消除隐患，预防事故的发生。

常规人工巡检方式强度大、效率低，难以满足输电线路巡检的全部要求。而无人机巡检技术具有不受地形环境限制、效率高、作业范围广等优点，对于提高输电线路的巡检质量，保障输电线路安全运维具有重要的意义。近年来，为保证电网安全和可靠供电，输电线路巡检模式已从传统的地面人工巡检模式逐步向无人机巡检模式发展过渡，无人机巡检已成为一种必然趋势。

针对架空输电线路，目前主要有人工巡检、有人直升机巡检和无人机巡检三种模式，根据地理环境和杆塔的类型选择不同的巡检方式，或使用协同巡检模式来实现各种巡检模式间协同工作，配合完成架空输电线路的巡检任务。

一、人工巡检

人工巡检是一种传统的巡检方式，是输电线路巡检的主要方式，巡检人员沿线路步行或借助交通工具，到达杆位后在杆塔下使用望远镜和红外测温仪等

图1-1 巡检人员使用
红外测温仪检查铁塔

对线路设备和通道环境进行近距巡视和检测，或者登上铁塔采用电场检测仪等设备对绝缘子进行检测，如图1-1所示。这种巡检方式，巡检人员可以对输电线路进行近距离观察，能够得到输电线路的准确运行状态；在城市、乡镇、公路等人员、车辆容易到达的地区，输电线路人工巡检方式是发现缺陷、保障输电线路安全运行的主要手段。

人工巡检方式也存在以下一些缺点：

（1）劳动人员数量有限。人工巡检模式通过人力手持望远镜、背载红外热像仪等巡检设备进行巡检。这种传统的巡检方式面临的困难有劳动强度大、工作条件艰苦、劳动效率低，而且对人员的工作经验有很大的要求，对于新员工可能会出现检测精度不高、可靠性差等问题。由于交通条件的限制，遇到电网紧急故障或异常气候条件时，运维人员不能及时到达现场。

（2）地形限制严重。我国的负荷中心和能源中心呈现逆向分布的特征，东部地区本地的电量满足不了本地的生产生活需要，这就要求电能从资源丰富的西部地区供给，而且近些年来，国家大力提倡清洁能源，西部丰富的风、光能源亟待开发利用，电能作为一个优秀的载体得到了更为广泛的利用。在电能传输的过程中，不可避免地经过森林或山区等地形复杂的地区，这些地区人迹罕至、地形崎岖，给巡检人员的日常工作带来了很大不便。

（3）工作环境恶劣。由于很多线路走廊所处的地理环境恶劣，部分杆塔甚至位于高山峻岭之中，不仅增加了检修人员的劳动强度，而且山区蜂害、蛇害等对员工的生命安全也形成了严重威胁。

二、有人直升机巡检

输电线路直升机巡视在国内外发展得已非常完善，国外自20世纪50年代探索直升机巡视以来，已形成了以直升机巡视为主的巡检模式，国内两大电网公司也实现了直升机巡视作业的常态化，这种巡检方式效果较好，有很大的发展空间。目前有人直升机巡视技术已发展成熟，制度完善，国网通航公司已实现有人直升机巡视的常态化作业（见图1-2），效果良好。

图 1-2　运维人员驾驶直升机巡视线路

有人直升机巡检方式有以下特点：

（1）巡视不受地域影响，机动灵活效率高。直升机可以方便地穿越崇山峻岭，跨越林区、沼泽、湖泊和地面无法到达的无人区等地，几乎不受地域的限制。直升机机动灵活，巡线速度大约为 20km/h，是地面人工巡视速度的几十倍，巡检效率高。

（2）发现隐蔽性缺陷能力强。直升机可以利用机载陀螺仪内部集成的稳定红外热成像仪发现线路上的一些隐蔽性缺陷，比如引流板和金具发热、合成绝缘子内部损伤发热等，而这些缺陷是人工巡视很难发现的，所以有人直升机巡视在巡查设备隐蔽性缺陷能力上有着地面人工巡视无法比拟的优势。

（3）铁塔基础巡视难度大。受地形地貌因素的影响，部分铁塔基础附近有杂草或杂树的生长，巡视角度受到限制，给巡视带来了很大的困难。直升机距离基础较远，影响巡视效果。因此，巡视铁塔基础是直升机巡视的一个弊端。

（4）无法大规模配置。直升机的造价很高，无法大批量配备以满足日益增长的巡检需求，同时有人直升机巡视对驾驶员的技术有很大要求，培养一名驾驶员需要大量时间。

三、无人机巡检

无人机（Unmanned Aerial Vehicle，UAV）出现于 20 世纪初，最早用于军事侦察和作战。20 世纪 90 年代，逐步开始在农业、测绘、城市监控等方面应用。采用无人机对架空输电线路的运行状况进行巡视和检测，是近年兴起的一项新技术。

英国威尔士大学和 EA 电力咨询公司联合研制了专用于输电线路巡检的小型

旋翼无人机，利用机器视觉技术，识别无人飞行器前方的障碍物，结合路径规划算法，躲避障碍物。美国电科院采用成熟的无人机平台搭载摄像机进行了巡线试验，能够分辨大尺寸线路设备。澳大利亚航空工业研究机构使用无人直升机搭载立体相机及激光扫描设备，可以获取周围环境三维地图。

在国内，北京理工大学提出了一种机载三目视差测距算法，为小型无人机快速自主避障系统的研制创造了条件。国网山东电力在2012年年底成功研制出可用于大型无人机平台的基于毫米波雷达的安全避障系统。该系统能完成对前方、左前方、右前方三个方向上，45m内架空输电线路和100m其他障碍物的高精度检测，具有较高的实时性。

国家电网公司自2009年以来开始应用无人机开展杆塔巡视和线路巡检工作，如图1-3和图1-4所示。巡检对象主要为特高压、跨区直流和500kV及以上重要线路。

图1-3 无人机巡视杆塔

图1-4 无人机巡视线路

无人机巡检主要包含正常巡检、故障巡检、特殊巡检等内容。正常巡检时，主要应用无人机巡检系统对输电线路导线、地线和杆塔上部的塔材、金具、绝缘子、附属设施、线路走廊等进行常规性检查；巡检时根据线路运行情况、检查要求，选择性搭载相应的检测设备进行可见光巡检、红外巡检项目。故障巡检时，根据故障信息，应用无人机巡检系统确定重点巡检区段和部位，查找故障点及其他异常情况。特殊巡检时，可以利用无人机巡检系统辅助完成鸟害巡检、树竹巡检、防火烧山巡检、外破巡检、灾后巡检等特殊巡检内容。

无人机主要有旋翼式和固定翼两种，其中旋翼类又包括多旋翼无人机和无人直升机。近几年，国内各大电力公司都先后进行了无人机巡检科技项目研究，项目取得了一定的成绩，目前来说，输电线路无人机巡视作业已基本成熟，与传统的人工巡检相比，无人机巡检具有以下优势：

（1）工作效率高。通过机载相机，可以得到清晰的画面，通过对这些图像的分析和处理，来判断线路运行情况，提高了巡视效率。

（2）受气候、环境的影响较小。无人机机身轻巧，无人机可以不受地形地貌的限制，穿越高山、河流对输电线路进行快速巡视，大大提高线路巡视的速度和效率，机动灵活效率高。

（3）巡视质量高。无人机可近距离检测架空输电线，巡检无死角、无盲区，可以准确地发现导线断股、绝缘子损坏等缺陷。

（4）巡检成本较低，几乎无人身风险。无人机由于不载人，体积小，整机价格较有人直升机低，能耗少，因此巡检成本较低。无人机巡检适用于执行特殊时期危险性高的任务，免除人工登塔、走线等作业，降低了事故概率，减轻了人员伤亡风险。

第二节　输电线路无人机巡检技术的现状

由于无人机具有受地形限制小、成本低、可快速部署等优点，2009 年起，各单位开始探索输电线路无人机巡检应用。其中，国网福建电力重点探索了大型无人直升机巡检可行性，提出了远距离巡检时采用中继方式进行通信的思路；国网山东电力主要在中型无人直升机巡检技术方面开展了研究和应用；国网青海电力开展了高海拔环境下无人机巡检适用性研究；中国电科院开展了无人机避障、抗无线电干扰以及广域冰情精细化监测等技术研究和应用。此外，国网辽宁、吉林、浙江、福建、山东电力和中国电科院，以及国内各高校等单位都在积极开展基于巡检图像的缺陷智能识别技术研究。

2012 年下半年开始，国家电网公司着手规范架空输电线路无人机巡检应用，试点推动直升机、无人机和人工协同巡检。目前，已明确了各型无人机巡检系统定位、功能及技术要求；初步建立了无人机巡检管理和技术标准体系、试验检测体系、人员培训体系和维修保养体系。

一、 无人机巡检系统

无人机巡检系统是一个复杂的集航空、输电、电力、气象、遥测遥感、通信、地理信息（GIS）图像识别、信息处理于一体的系统，涉及飞行控制技术、机体稳定控制技术、数据链通信技术、现代导航技术、机载遥测遥感技术、快速对焦摄像技术以及故障诊断等多个高尖技术领域。现代无人机具备高空、远距离、快速、自行作业的能力，可以穿越高山、河流对输电线路进行快速巡线，对架空线的杆塔、支架、导线、绝缘子、防振锤、耐张线夹、悬垂线夹等进行全光谱的快速摄像和故障监测。基于无人机巡检采集数据的专业分析，为电网管理和维护提供数据支持。

无人机巡检系统通常由无人机系统、无人机机载设备、通信设备和地面工作站 4 大子系统组成。无人机巡检的各部分功能分析如下：①对于无人机系统来说，通过将相机或摄影机挂载于机体，通过接收地面站的遥控信息指令来实现对电网输电线路重点部位的拍照取样，或对输电线路进行全线拍摄；②对于无人机机载设备来说，它是无人机获取输电线路图像信息的媒介；③对于通信设备来说，它是无人机系统与地面工作站之间的桥梁，接收无人机系统的图像信息并将其传输给地面工作站，接收地面工作站的巡检作业指令并发送给无人机系统；④对于地面工作站来说，它的主要功能是协调无人机的遥测、遥控通信以及对无人机巡检过程中所采集视图信息的位置进行定位。

无人机输电线路巡检一般将小型摄像机、相机或红外测温仪等装置固定于无人机机体上，通过接收地面站的遥控信息指令来实现对电网输电线路重点部位的拍照取样，或对输电线路进行全线拍摄，同时将采集到的图像信息由通信设备传输到地面终端工作站，工作人员针对取得的图像结合专家知识分析输电线路运行状态，并对可能发生的故障查找原因和计划进一步的检修策略。

无人机巡检技术可对输电线路断线、杆塔倾斜、绝缘子脱落及异物挂线等的识别和分析，它所巡检的输电线路部位主要是杆塔、绝缘子、导线、线路走廊和金具等。适用于无人机输电线路巡检技术可适用的巡检任务见表1-1。

表1-1　　　　　　无人机输电线路巡检技术可适用的巡检任务

输电线路设备	可见光检测	红外光检查
绝缘子	异物悬挂、破损和脏污	发热击穿
线夹	脱落	相关接触点发热
引流线	断股	接触点发热
导线	存在断股或悬挂有异物	发热
杆塔	变形、倾斜、坚固件脱落等	—

二、 多旋翼无人机

多旋翼无人机的适用范围是小规模的线路巡察,这可以很好的替代人工巡察,日常登塔等检查工作,而且多旋翼无人机的经济性很高,目前在输电线路巡检中应用最广泛。

(一) 多旋翼无人机关键指标

1. 性能指标

多旋翼无人机的起飞质量一般在5~10kg不等,其飞行速度可达到60km/h,还可以实现悬停。大多数多旋翼无人机因为其自身重量限制,可持续飞行0.5~1h,风力在6级时仍可继续进行正常的巡查作业。其可搭载最多2kg质量的仪器设备,以此满足线路巡察的需要。其机身采用了可拆卸运输的模块化组装,对于后续飞机的故障处理有好处,可进行拆卸维修处理。

2. 操作性

多旋翼无人机的操作一般由两个人共同完成,分别为主飞控师和副飞控师,且两人分工明确。主飞控师的任务是控制飞行巡视系统,即控制无人部分;副飞控师的任务是操作视频监控系统,在发现疑似缺陷可悬停或进行来回飞行检查。在进行检查时,有实时监控和录像在跟进,以便于后期的分析研究和问题的处理。

3. 搭载设备

因其需要在空中进行拍摄,其搭载平台需要具有一定的防轻微抖晃功能。并可扩载照相机,摄像机以及红外热像仪等用于检测绝缘子劣化,地线断股以及线路金具松脱等故障。为方便其设备镜头的移动与拍摄,有数据接口来控制。

4. 安全性

多旋翼无人机应具有一定的失速保护功能，如自动起降，低电压保护，障碍物检测，一键返回，在操作失误、电池没电、气候异常的时候，具有可以自我保护的能力。

（二）多旋翼无人机在输电线路巡检中的应用

多旋翼无人机能够在日常巡检和应急抢修中，通过高精度飞行控制系统，近距离靠近输电线路低速飞行或者悬停，利用所搭载的高清摄像机或者热成像仪等监测设备，实现对故障或隐患点的精细检测。无人机的使用范围广阔，如监控、搜救、测绘、搜索等都能够用的上，就可以最大限度地消除安全隐患，制订更为合理的巡检或抢修方案，节省人力物力，缩短抢修时间。通过使用多旋翼无人机，无须花费额外的人力和器械，就可以对电力日常巡检和应急抢修工作中的各种隐患或故障点进行精细化监测，监测对象可覆盖所有感兴趣的位置，包括工作人员无法到达或者很难到达的地点，为管理人员的指挥决策提供详尽、真实的参考数据。在设备带电的条件下，该机型可以解决很多的问题，具体有以下几方面：①对地线上、线路导、下挂点金具连接情况进行检查；②对地线、导与金具的连接部位的磨损情况进行检查；③对特殊地段绝缘子串销钉锁紧缺情况进行细致的检查；④对地线、线路导损伤情况进行诊断，并且能够提供依据给检查缺陷的处理方式；⑤能够进行故障巡视作业，比如寻找雷击闪络点等。

（三）多旋翼无人机应用实例

以国内某电网检修公司为例。该公司使用的是 RX600 型多旋翼无人机，采用碳纤维复合材料构成机身，使用双路负荷供电，最大起飞质量为 7kg，最大负载是 1.5kg，可以选择自动驾驶或者手动驾驶进行起降，控制方式也很灵活。一般可持续巡查 40min 左右，随机搭配柔性防抖云台，还对于突发性的失控具有一定的保护功能。正常情况下携带有摄像机，照相机，红外热像仪等器材。这种无人机的最大作业半径不超过 1km，风力不可超过 5 级，小范围的，单独杆塔的巡察工作可以由其完成。

该机型在巡查过程中可以解决如下问题：检查线路导地线上、下挂点金具的连接状况；检查线路导地线与金具连接部位的磨损状况；寻找雷击炸点等故障巡查作业；诊断输电线路导地线损伤情况，为后续的处理工作提供客观的依据；检查特殊地段的绝缘子串销钉锁紧缺失情况。

2014 年 7 月初，该公司在进行某 500kV 线路日常巡查时，发现一个需紧急处理的问题：地线铁塔出口 120m 处有一个约 1m 左右的断股。该铁塔处于群山环绕的地形中，且四周均为沟壑，地形条件严重影响了处理问题的时间，且工作人员无法第一时间赶到事发位置。该公司工作人员在地面用望远镜进行观察，只能看到 1 股断股，无法进行更加细致的观察，也无法确定地线是否存在其他线股故障。经过紧急讨论，公司派出一架多旋翼无人机对该位置进行航拍检查，最终经过航拍检查反馈的资料，确定地线断股数量为 1 根，为处理该处故障提供了有力支持。

三、 无人机在输电线路巡检中的前景与展望

无人机应用于输电线路巡检方面的前景广阔，使用无人机不仅效率高，而且安全，能够在很多方面解决现在巡检制度中所出现的一些问题，同时优化线路巡检的整个过程。

（一）巡检方式

使用无人机可代替以往的人工巡检，其独特的航拍功能，可以通过遥控独立对输电线路进行拍摄，大大提高巡检的效率，同时也保证了作业人员的安全问题。无人机通过无线遥控，用装备本身的程序控制机体上的拍照设备进行输电线路巡检，因为巡检路线会出现很多不同的情况，所以在进行巡检之前，需要优先策划出无人机最佳的巡检路线并应将巡视路线设定为往返巡视路线，便于工作人员观察到不同的角度，提高对输电线路的巡检质量。无人机未来主要的发展方向是，利用先进的科学技术，对机载拍摄设备进行改装升级，以实现将拍摄视频即时传送，让无人机巡检方式完全取代人工巡检方式。此外，无人机还需要在反映线路可视现象的同时，将线路发热、放电等不可视状态进行检测并反映出来，在当前基础上添加运用红外拍摄的方法，让其巡航功能更加强大。

（二）巡检制度

当代巡检对于巡检制度提出了更新、更高、更难的要求，例如减少巡检人员数量、压缩巡检人工成本、提高巡检精确度、确保巡检安全性等，而无人机巡检能很好地适应这些要求。尤其在事故发生频率较小的区域，相对于利用大量巡检人力资源来说，用较低的人力巡检成本便可将无人机科学控制，并达到预期效果，由此不难看出无人机巡检的利用可使巡检制度更加科学化。伴随着科技的快速发展和提高，无人机的使用成本也会不断地降低，当降低到一定程度时，便可推广，为了保障可靠的输电性能，供电企业都可以将无人机利用到全线路的日常巡检当中去。

（三）巡检数据的智能化分析

目前大部分单位对无人机巡检采集的数据一般采用人工甄别的方式进行图像研判进而发现缺陷，部分典型缺陷已经采用人工智能技术进行智能化分析，随着任务载荷采集信息质量、数据链路和智能化分析技术的提升，输电线路无人机巡检系统可实现输电线路故障的在线自动化甄别和信息共享，及时将信息传送到电力调控中心和运检中心，从而提升输电线路故障的甄别能力和运检响应能力，大大提升运检效率和供电可靠性。

通过各项技术与标准的发展及应用，可规范无人机巡检作业，有效保证巡检的安全和质量，在巡检范围、内容和频次上与人工巡检、直升机巡检相互补充，实现输电线路与设备的无缝巡检覆盖，对保障智能电网的安全运行做出更大贡献。

第二章 输电线路巡检无人机的分类与选型

为了满足人们的电力需求，输电线路不断增多，分布范围越来越广泛，许多输电线路都位于地势复杂、环境恶劣区域，大大增加了输电线路的故障发生概率，设备受到雷击闪络、构件老化影响而产生倾斜、倒塔、拉线断股、腐蚀等损坏，必须及时发现并对其进行修复更换，否则会造成安全事故。因而确保电力输电线路的巡检工作的高效性是非常重要的。第一章介绍了无人机在输电线路巡检工作中有着巨大的应用优势，能够有效代替人来进行电力输电线路巡检，使巡检人员能够通过无人机来检查输电线路的故障情况，从而大大减少了登塔高空作业，有效减轻了巡检人员的工作强度。因此，掌握无人机的相关知识对于输电运检人员越来越重要。本章讲解了无人机的分类及其特点、着重对输电线路巡检的无人机选型需求做了分析。

第一节 无人机的分类

无人机是无人驾驶飞机的简称，是利用无线电遥控设备和自备的程序控制装置操纵的不载人飞机。无人机的分类方式主要有以下几种。

一、 按飞行平台分类

无人机按照飞行平台进行分类，可以大致分为固定翼无人机和旋翼式无人机。

固定翼无人机通过固定式的机翼产生升力，依靠装设各种类型的发动机，通过投掷、轨道发射等方式升空。其外形与固定翼载人飞机类似，但与载人机多采用的后掠翼不同，固定翼无人机多采用平直翼结构，并且翼展大于机身长度，如图2-1所示，部分固定翼无人机还采用独特的尾翼和机身结构，用于平衡飞机姿态，控制飞机的横向和纵向运动。使得这些无人机的外形与载人固定翼飞机有很大区别。少数无人机还采用了飞翼结构，以提高隐形能力，便于开展侦查活动。

图 2-1　固定翼无人机

旋翼式无人机又可分为无人直升机和多旋翼无人机。

无人直升机依靠一个或多个主旋翼提供升力和推力而飞行。如果只有一个主旋翼，还必须要有一个小的尾翼抵消主旋翼产生的自旋力，如图 2-2 所示。直升机型无人机具备非常优秀的机动性能，可以垂直起降和悬停，适应更加复杂苛刻的飞行环境。

图 2-2　无人直升机

多旋翼无人机机械结构简单，只需要电动机直接连接涡桨即可，通过旋转的桨叶提供升力，桨叶旋转面的倾斜产生水平运动。多旋翼无人机通常有 3 个以上的旋翼，常见的主要有四旋翼、六旋翼、八旋翼，无人机的机动性通过改变不同旋翼的扭力和转速来实现。这类无人机具有垂直起降能力，提高了起降场地的适应性，适应各种环境。部分中小型多旋翼无人机不以快速水平飞行为主要目标，因此外形与载人直升机有很大区别，在飞行和操控模式上也不同。

近年来比较热门的八旋翼无人机如图 2-3 所示。

图 2-3　八旋翼无人机

除了这两大类无人机外，其他小种类无人机还包括伞翼无人机、扑翼无人机和无人飞艇。还有介于固定翼和旋翼之间的机种，如倾转旋翼式无人机以及升力转换式无人机，这类无人机称为复合式无人机。

二、按控制方式分类

无人机按照控制方式不同可以分为制导飞行、遥控飞行、自主飞行和智能飞行，这种分类方式和无人机的发展历史一致，分别对应于当前的导弹、遥控飞行器、无人机和空中机器人。目前大多数使用中的无人机都具有自主飞行能力，飞行过程不需要操作人员的直接控制，但为了必要时的人工介入，一般都会同时保留遥控飞行模式。智能飞行和空中机器人是自主飞行的无人机进一步的发展方向，概念还比较模糊。

三、按照飞机质量分类

按照尺度《中华人民共和国民用航空法》分类，无人机可分为大型无人机、小型无人机、轻型无人机和微型无人机。大型无人机，是指空机质量大于 5700kg 的无人机。小型无人机，是指空机质量小于等于 5700kg 的无人机，微型和轻型无人机除外。轻型无人机是指质量大于 7kg，但小于等于 116kg 的无人机，且全马力平飞中，校正空速小于 100km/h，升限小于 3000m。微型无人机是指空机质量小于等于 7kg 的无人机。为了方便交流学习，根据 DL/T 1482—2015《架空输电线路无人机巡检作业技术导则》规定，按照飞机空机质量也可分为大型、中型和小型 3 类，具体参数见表 2-1。

表 2-1　　　　　　　按照飞机质量分类的无人机机型

分　类	固定翼无人机	旋翼无人机
大型无人机	20kg 及以上	116kg 及以上
中型无人机	7～20kg	7～116kg
小型无人机	7kg 及以下	7kg 及以下

四、 按动力方式分类

按动力方式分类，可分为油动式无人机和电动式无人机。油动式无人机使用燃油动力，载荷大、长航时，具有较好的抗风能力，但设备结构复杂、造价高、维护保养烦琐、应用技术门槛高、培训周期长、作业风险多。电动式无人机使用电动力，操作简单、场地适应能力强，展开迅速，轻便灵活，振动小、成像质量好，价格低廉、隐患较小，能够自主飞行，与人工巡检相配合，实现输电线路精细化诊断巡检。

五、 其他方式分类

按不同使用领域分类，可分为军用无人机和通用型民用无人机。军用无人机可分为靶机、侦察机、攻击机、通信中继无人机等。通用型民用无人机主要用于勘探、监测、搜救等，与侦察机功能和性能比较接近，可分为农用无人机、气象无人机、测绘无人机和勘测无人机等。

按照飞行高度划分，可分为超低空无人机（高度≤100m）、低空无人机（100m＜高度≤1000m）、中空无人机（1000m＜高度≤7000m）、高空无人机（7000m＜高度≤18000m）和超高空无人机（高度＞18000m）。

按活动半径分，可分为超近程无人机（半径≤15km）、近程无人机（15km＜半径≤50km）、短程无人机（50km＜半径≤200km）、中程无人机（200km＜半径≤800km）和远程无人机（半径＞800km）。

第二节　输电线路巡检常用无人机的优越性与特点

一、 无人机巡检方式的优越性

目前输电线路的巡检手段主要为人工巡检，而传统的自动化巡检载体如线路本体在线监测系统、线路攀爬巡检机器人等，因其巡检覆盖范围、操作难度大、不利于维护等原因，正逐步退出历史舞台。随着航空工业技术的发展，无人机巡检逐步成为一项新的研究课题。其非接触式、快速高效、多角度全方位的巡检手段，搭配各类可见光和红外设备，能够全面了解输电线路的运行情况，给后期检修提供依据。

人工巡视时，巡线人员通过肉眼、望远镜、红外热像仪等装备观察各类电力线路设备的外观和发热情况，通过测距仪估算各类安全距离是否满足要求，准确度低。而且受人员携带观测设备重量和体积、巡检设备落后的制约，以及受地形环境的限制，巡视时需要变换地点进行观测，更倾向于检查容易靠近观察的设备，还可能存在不能发现问题的情况。

与人工巡视相比，无人机沿着输电线路上方直线飞行，从高空俯视角度进行全程记录，巡检结果详尽，可以无视地形限制，能够更加靠近导地线、金具、绝缘子、铁塔、避雷器等设备。另外，通道环境的检查工作中，无人机从高处观察，能够更快地发现设备下各类违章施工、取土开挖、火灾和自然灾害范围等，并能悬停仔细观测问题所在，因此无人机倾向于检查装设位置较高的设备，巡检效率高。无人机巡视时可装载较多的设备，如可装载可见光照相机或摄像机，以便将各类可见光缺陷存档备查；也可装载紫外成像仪，以便开展紫外放电检测工作。多种检测装置的应用在一定程度上拓展了电力线路设备缺陷诊断的途径，这些优势可以弥补人工巡视的不足，提高巡视工作的效率和质量。随着无人机以及机载传感器技术发展，还能实现多传感器协同工作，使设备缺陷判定准确度和自动化程度得到提高。

采用无人机进行电力线路巡检及防灾减灾应急巡检作业，极大地提高了输电线路的巡检效率，减轻了工作人员的劳动强度，同时又大幅降低线路巡检的人、财、物成本，性价比高，具有极高的经济价值；无人机能调控制高点，所看到的情况比巡检人员更全面、更清晰，能及时发现输电线路通道的问题，提高了工作质量；在特别恶劣环境条件和紧急情况下，能够完成传统巡检工人无法完成的巡检工作，保障了巡检人员的人身安全，提高了巡检工作的安全性。随着无人机技术的日趋成熟，其操作系统会变得更加简单，使用性能的优越性将会得到充分的体现，在电力线路巡检方面将得到更加广泛的应用。

二、 输电线路巡检常用无人机特点对比

受机械结构复杂性以及技术条件限制，目前最先进的旋翼机在规格参数方面较固定翼无人机差。若在最大规格的无人机之间比较，固定翼无人机任务载荷更高，飞行时间更长。相同规格参数的固定翼无人机巡航速度和升限普遍比旋翼无人机高，适合长时间的飞行任务。旋翼无人机由于可以悬停和低速飞行，因此近距离、低速运动或者长时间保持同一视角的观测任务需要使用旋翼无人机完成。本体机械结构简单，旋翼尺寸较小（潜在危害性小、运行风险低），具有重量轻、易携带、易操控、可悬停、效率高、无污染、易维护等优点。能够快速机动地执行巡检任务，旋翼无人机可以垂直起降，使用的灵活性较高。输电线路巡检目前应用最广的无人机有固定翼无人机、多旋翼无人机和无人直升机。三者比较如下：

（1）固定翼无人机。固定翼无人机的飞行速度比较快，可达到 100～200km/h，并且续航时间长，重量大，很适合进行长距离巡线，用来巡检电力线路的总体状况。固定翼无人机不能悬停，操作复杂，起飞和降落需满足特定要求。巡线时，沿线路进行单方向快速巡检。一般置于线路的正上方，以俯视的角度巡线拍摄，也可根据实际需要降低巡线速度和高度，沿线路做低空慢速巡检。

（2）多旋翼无人机。多旋翼无人机重量小、结构简单，靠无线电遥控飞行，能够定点起飞、降落和空中悬停。其飞行速度较慢，而且续航时间极短，只能作短距离的巡线。一般是在已确定故障段，用小型旋翼机悬停于故障段，低速、定点地进行细节观察。多旋翼无人机由于重量轻，动力小，抗风能力明显不足，风速较大时就会对起降和飞行带来影响，只能搭载单一、轻型的巡线设备。目前最大载重量可以达到 20kg，从而可以通过增加或改变不同的任务模块来执行不同的任务。多旋翼直升机，易于维护，操作简便，稳定性高且携带方便。由于多旋翼无人机在操控性、可靠性、有效性等方面的优越性，已经成为微小型无人机的主流。

（3）无人直升机。与固定翼无人机相比，无人直升机能够定点起飞、降落、空中悬停，但是飞行速度不如固定翼无人机，大多数在 100km/h 以内，且续航时间也较短，不适合用于长距离巡线。与多旋翼无人机相比，其最大的优势是

载重更大，巡线时可以搭载更多的检测设备，大型直升机型无人机的载荷可以达到 40kg，续航能力可高达 6h，取得更全面的巡检效果，但是价格比小型旋翼式无人机要高。一般用来进行中、短距离的巡线或者对已确定的故障段进行悬停式细节检测。

第三节 输电线路巡视无人机的选型

一、 输电线路巡检工作对无人机的技术要求

针对输电线路短途巡检的应用需求，解决常规巡检手段低效、安全、技术门槛等问题。无人机进行输电线路巡检应具备以下技术。

（1）机体稳定技术。无人机在电力线路巡检作业中应具备良好的续航时间、抗风能力，且应具有一定有效载荷，能够以无人机为载体，搭载影像采集设备进行稳定的航拍巡视，并搜索、定位、采集线路缺陷或隐患的影像数据。在风向夹角小于 30°、起降风速 10m/s 以下、环境温度为 -40~52℃ 的环境中，无人机可以实现稳定飞行不抖动，无人机的限定高度为 5000m。

（2）飞行控制技术。既可以受地面操控人员的手动控制，利用手动飞行模式实现线路关键部件的影像采集，快速发出飞控指令，也可根据线路杆塔坐标信息，预设飞行航线实现无人机的自主飞行巡检。采用自驾驶系统控制无人机飞行，实时接收无人机的飞行信息和实现稳定操作，以设备回传的杆塔实时影像为操作指导。无人机需具有 GPS 导航控制、地理配准以及线路杆塔跟踪控制功能，从而使无人机线路巡视达到自动化和智能化。

（3）影像采集技术。在飞行导航控制系统运行中，无人机主要采用具有自稳定能力的摄像云台，同时将红外成像仪、彩色摄像机和紫外线成像仪等作为辅助设施，保持无人机稳定的自动控制摄像功能。在采用快速对焦成像技术以及先进的测绘控制摄像曝光技术的基础上，可以快速拍摄地面线路杆塔的高分辨航空图像，同时生成高清晰度的杆塔、线路、绝缘子以及金具和周围环境的可视红外影像，并保存相应的图像信息。此外最好可以配备线路故障识别摄像技术。

我国在 20 世纪初，已成功应用载人直升机进行 500kV 输电线路巡检。但其

飞行条件涉及空域申请、人员配备、地面保障、环境因素、飞行费用等，不能大规模推广。

二、 无人机平台选型

可实现输电线路巡检作业的无人机平台常用的有固定翼无人机和旋翼无人机，应用范围广泛、巡检技术成熟。为紧贴巡检作业需求、选择合适类型的无人机执行巡检任务，需要从任务需求本身出发，逐层确定所需无人机参数、类型、巡检对象，根据各种无人机的特点，不同的巡视任务宜使用不同类型的无人机，最终完成无人机选型。

三、 各类巡检无人机的性能指标对比

从巡检实际需求出发，无人机的性能指标包括可续航能力、抗风能力、有效载荷、测控距离、巡检控制参数等。各型旋翼式无人机主要性能指标对比见表 2-2。

根据无人机巡检地理环境条件，将续航能力分为一般环境（平原地区）和特殊环境（高海拔地区）两种，考虑到无人机巡检作业范围，要求其在正常作业条件下续航时间不低于 20min。多数机型的续航时间可满足对 1～2 基杆塔进行精细巡检的需求，且留有一定安全裕度。

表 2-2　　　　　　　各型旋翼式无人机主要性能指标对比

项目	大型旋翼无人机	小型旋翼无人机	微型旋翼无人机
续航时间（h）	4	1	0.5
抗风能力	6 级	4 级	2～3 级
有效载荷（kg）	50	10～15	3～5
测控范围（km）	50～100	10～20	5
作业特性	恶劣气候适应能力强 续航能力强	机动性高 作业灵活	机动性高 作业灵活

抗风能力主要考察无人机巡检过程中位置控制精度，主要涉及操控性能。从巡检作业要求角度来看，抗风能力越高越有利于无人机准确按预设航点飞行和到达预设的巡检点，提高飞行的安全性和巡检的方便性；控制精度越高越便于作业人员进行操控，特别是在现场风向和风速多变的条件下更是如此。

测控距离受地形以及飞行高度等因素的影响，即使在平坦地形，由于巡检

时作业高度一般在 20～60m，且运行线路还可能对通信系统带来干扰，目前，国家电网公司标准中对本指标的要求是：飞行高度 40m 时，数传和图传距离均不小于 2km。

四、 无人机巡线的主要载荷设备

各型无人机巡检系统搭载的任务载荷主要是可见光和红外成像设备，二者可以是一体化集成；也可是独立挂载，根据巡检任务要求进行互换。可见光任务设备成像范围大、清晰度高，应使用曝光时间较短的照相模式，具备遥控变焦和自动对焦功能，能在相应机型要求的作业远距离处检测销钉级缺陷。红外任务设备分辨率相对较高，具备热图。目前对国内比较成熟的巡线任务来说，无人机巡线一般需要以下设备：

（1）望远镜。望远镜用来观察线路缺陷的细节。防抖方式主要有电子防抖和光学防抖，一般来说，光学防抖的效果要优于电子防抖，但光学防抖装置结构复杂，制作成本的高昂。

（2）数码照相机。带防抖镜头的数码照相机用来拍摄所发现的缺陷，提供给管理部门和维修人员。携带防抖镜头有助于克服无人机的抖动，使之可以拍摄到更清晰的照片。相机可以更换不同焦距的镜头，能满足各种情况下的巡线拍摄。数码相片可方便后期处理，克服拍摄时的不足，同时便于交换、保存和查询。

（3）高清摄像机。高清摄像机用来全程记录输电线路、铁塔、线路通道走廊以及周边环境的情况，供以后查询、复核和对比。为了便于所拍影像的后期处理，应尽量使用高清晰度的，优先选用硬盘存储，以缩短后期处理的时间消耗。

（4）红外成像仪。红外成像技术作为一门新技术，在电力设备运行状态检测中有优越性。红外成像是以设备的热状态分布为依据，对设备运行状态良好与否进行诊断，它具有不停运、不接触、远距离、快速直观地对输电线路导线及连接部件的热状态进行成像的优点，通过专门的分析软件进行分析，从而找出发热点并确定其温度值。

五、 输电线路安全巡视类型

输电线路巡视主要分为正常巡视、故障巡视和特殊巡视 3 类。

正常巡视主要对线路本体（包括导线、杆塔、绝缘子、接地装置、金具等）、附属设施（包括防雷防鸟防冰防雾装置、各类监控设施、标示牌、警示设施等）以及通道环境的周期性检查。巡检时根据线路运行情况、检查要求，选择性搭载相应的检测设备进行可见光巡检、红外巡检。

故障巡视是在线路发生故障后进行检查，根据故障信息，应用无人机巡检系统确定重点巡检区段和部位，查找故障点及其他异常情况，巡视范围可能是故障区域，也可能是完整的输电线路。

特殊巡视是在气候剧烈变化、自然灾害、外力影响、异常运行以及对电网安全稳定运行有特殊要求时进行检查。如灾后巡检、鸟害巡检、树林巡检、防火烧山巡检、外破巡检等特殊巡检内容。

目前已有电力公司针对载人直升机制定了巡视技术导则和作业指导书（试行），导则中提到直升机在进行正常巡视时可按照精细化巡视和快速巡视两种方式开展工作。精细化巡视的作业速度一般保持在 15～25km/h，巡视时利用可见光、红外热像仪/紫外成像装置对线路和杆塔元件进行悬停检查，适用于首次开展直升机巡视的线路、复查存在缺陷或异常的线路以及按照周期需要开展精细化巡视的线路。快速巡视的作业平均速度一般保持在 30～40km/h，巡视时利用可见光、红外热像仪/紫外成像装置对线路进行扫描检查，适用于对没有特殊运维要求的线路巡视。故障巡视时一般按照精细化巡视作业要求进行，而特殊巡视根据实际需求确定巡视作业速度和精细度。因此在具备无人机巡视条件时，正常巡视一般可以采用无人机等空中巡视方式，部分从空中无法观察的设备（如杆塔基础、接地装置等）需采用人工巡视方式。故障巡视时，视故障类型和紧急程度，可采用无人机等空中巡视方式，或者采用无人机辅助的人工巡视方式。特殊巡视时，在因气候剧烈变化、自然灾害、外力影响等原因造成人员无法进入巡视区域的情况下，可优先采用无人机等空中巡视方式，其他情况同正常巡视。

六、无人机类型选择分析

（一）大型旋翼无人机

大型旋翼无人机飞行时间为 1～6h，控制距离为 50～150km，一般能够覆盖整条输电线路的范围，适宜开展输电线路巡视工作。大型旋翼无人机任务荷载较大，通常为 20～200kg，可同时随机搭载多种传感器，进行多维度的观测。同一种机型因任务载荷可以与机载燃油容量互换，如有必要可适当减少任务载荷，增加燃油携带量，延长飞行时间。旋翼无人机因可以悬停和低速飞行，能够很好地完成精细化巡视和快速巡视工作。精细化巡视时，旋翼无人机根据飞行计划安排在杆塔附近悬停，从指定的角度和高度拍摄指定数量的图像，如此循环并最终完成飞行计划里所有的杆塔拍摄任务。快速巡视时，旋翼无人机以较低的速度沿指定的航线持续飞行，使用指定的拍摄设备记录下电力线路沿线设备和线路运行情况。大中型旋翼无人机飞行准备时间较长、一般需要制订周密的飞行计划，在开展故障巡视和灾后特殊巡视工作时，可能存在机动性不足的缺点，应当根据实际任务需要选择是否要使用大中型旋翼无人机执行这类飞行任务。

（二）小型旋翼无人机

小型旋翼机飞行时间为 1～2h，控制距离为 5～15km，均比大型旋翼机短，因此无法完成整条输电线路的巡视工作，可开展输电线路局部地区若干基杆塔范围内的巡视工作。小型旋翼无人机任务载荷 2～20kg，可携带一台高性能可见光相机或红外摄像机，完成一些常规的巡视项目。该类无人机操作人员少，飞行准备时间短，无须制订周密的飞行计划，灵活性比较高，除了适用于若干基杆塔的局部常规巡视外，还可开展故障巡视和灾后特殊巡视。巡视时由巡线人员将无人机带到巡视地点附近，就地操作升空，对目标设备和区域进行近距离观察和拍摄。小型旋翼机除了用于巡视工作以外，还能用于大中型旋翼机在非无线电通视条件下的通信中继工作。这时无人机的任务载荷改为中继电台，在飞行任务规划选定的地点和时间起飞，升至指定高度后盘旋飞行，直到中继任务完成。中继电台的质量一般较小，无人机一般挂副油箱，以提高其滞空时间，保证大中型无人机的通信畅通。

（三）微型旋翼无人机

微型旋翼无人机多为多旋翼无人机，飞行时间为 20～40min，飞行控制距离 1～5km，均不足以开展多塔连续观测，只能完成个别杆塔的近距离观测任务。

这类无人机任务载荷可达 1～2kg，允许搭载 1 台小型相机或红外热像仪。多旋翼无人机飞行稳定度较高，操作较为容易，携带较为便利，巡视人员经过一定的培训即能很好地掌握其控制技术，推广的难度较小。微型无人机在人工巡视过程中对部分人无法达到的地区进行检查，或者不用登塔即完成塔上设备的近距离观察，因此也被称为"会飞的望远镜"。但这类无人机飞行时间过短，执行任务时需要关注无人机燃油或电池余量，避免出现失去动力坠机事故。

（四）固定翼无人机

电力线路巡视中较少使用固定翼无人机，固定翼无人机无法悬停，因此不宜进行精细化巡视工作。固定翼无人机比较适合进行快速巡视工作（特别是输电线路通道环境监测工作），这类任务通常选用中小型固定翼无人机，任务载荷通常为 1～15kg，巡航速度为 50～150km/h，飞行时间为 1～6h，无人机飞行时间和飞行距离能够满足一般电力线路巡视需要。

中小型固定翼无人机执行快速巡视任务时，主要可搭载可见光成像设备用于通道巡视、灾情普查等，也可快速发现杆塔倾斜、倒塔、断线等重大缺陷和故障，了解输电走廊下方是否存在违章建筑和危险施工作业、线路周围是否出现新的交叉跨越、是否存在火灾、线路周围环境是否发生变化、导线和杆塔是否存在飘挂物和藤蔓攀附情况等。此外，固定翼无人机操作难度相对较低，飞行速度较快，飞行稳定性较高，比较适合进行灾后特殊巡视工作。中小型固定翼无人机任务载荷有限，不宜装载用于精确测距的激光雷达等设备，在线行环境监测中不能准确地测定线路与周围物体的安全距离。

选用中小型固定翼无人机进行输电线路通道环境监测工作时，一般不建议无人机在线路走廊正上方飞行。如需采用这种飞行方式，无人机应选用轻小型机型，并通过试验验证无人机坠机时不会对输电线路设备造成损伤或引起短路事故。微型固定翼无人机因为控制距离和续航时间短，任务载荷小，不适于电力线路巡视工作；而大型固定翼无人机购置和运行和维护成本高，仅用于输电线路通道环境监测和灾后特殊巡视工作时，性价比较低，目前应用相对较少。

（五）大型无人直升机

大型无人直升机尺寸大，一般空机质量大于 116kg，其续航时间也大大增加，可超过 2h，测控距离一般大于 20km，一次可对十几公里甚至几十公里的线路进行巡检作业。国内大型机机型成熟度不高、可靠性低、任务设备与飞行平台不完全匹配，通信链路保障困难，多处于科研探索阶段。巡检使用和维护保养都极其复杂，对作业人员培训的要求极高，且需专门机库存放、专业班组定期维护。

（六）中型无人直升机

中型无人直升机由于尺寸较大，不全在目视范围内巡检作业。续航时间多数为 10min 左右，个别可达 90～120min，荷载一般为 10kg 左右，个别可达 30kg，测控距离一般为 5km，可通过预设航线自主飞行一次、精细巡检 10 基左右杆塔。作业时一般在线路斜上方、距设备 30～50m 位置进行悬停，在飞行高度 40m 左右时，其遥控遥测及视频全向实时传输距离应不小于 5km。巡检拍照距离一般在 50m 左右（水平 30m），因此小型云台加任务设备的模式很难满足成像质量要求，必须使用吊舱。任务吊舱种类较多，但受飞行平台有效载荷限制和目前现有任务设备质量的约束，将任务吊舱规定为单光源吊舱（可见光吊舱、红外吊舱），限制质量小于 7kg。现有吊舱能保证水平、俯仰两轴转动范围，可同时搭载摄像机和照相机，质量一般为 5～7kg。目前国内成熟的中型无人直升机机型较少，飞行控制系统良莠不齐，部分飞行稳定性难以满足要求。无论设备结构还是维护保养都较为复杂，操作上操控手、程控手和任务操作手相互配合作业较多。因此，对作业人员培训的要求高、内容多、时间长。

（七）小型无人直升机

小型无人直升机（空机）质量多数在 3～7kg，个别机型为 7～9kg；一般通过两轴云台搭载摄像机或红外成像仪作为任务设备，个别使用三轴云台，也有个别机型的任务设备是可见光红外一体化成像仪；低海拔续航时间一般为 13～22min，最低的 10min，最高的机型可达 45min，高海拔续航时间一般为 13～19min，较低的仅 9min，最高的可达 28min；主要用于通视范围内、步行难以到达的 1～2 基杆塔的精细巡检和故障查找，作业时一般在距设备 10m 左右处进行悬停，在飞行高度 40m 时，其遥控遥测及视频全向实时传输距离应不小于 2km。小型无人直升机巡检主要对目视范围内、人不方便到达的一到两基杆塔进行飞行巡检，巡检距离较短，在某些情况下也可以检查设备发热情况；其缺点主要是无人机飞行时存在晃动，摄像机成像时间较长，存在拖影，难以满足巡检需要，因此巡检时应使用曝光时间较短的照相模式。

第四节　无人机巡检应用的发展方向

目前无人机巡检系统仍存在着不足之处，为了更好地满足选型需求，未来无人机在线路巡检的发展方向包括以下内容。

（1）发展高载重无人机。目前的无人机只是作为一个载体，通过搭载设备来实现巡检功能。但是受到自重及动力影响，所搭载的设备重量受到限制。为了更好地完成无人飞机电力巡检系统，发展高载重无人机系统是未来工作的重要发展方向。

（2）发展长续航无人机。无人机需要搭载巡检设备以及电池、燃料，一般持续飞行行时间不会太长。对于超长距离的线路巡检有一定的制约，影响了线路巡检的效率。因此，发展长续航无人机是提高巡检效率的有效途径，是一个重要的发展方向。

（3）发展高海拔无人机。高海拔地区要完成线路巡检还存在一定的难度，因此发展高海拔无人机是一个重要的发展方向。

（4）发展高智能、易操纵的无人机。随着无人机在电力巡检的广泛应用，对于无人机的巡检任务有了更高要求。这就要求无人机在智能化、易操作上有一定的突破，发展智能化程度高、易操纵的无人机将是未来一个重要的发展方向。

高压输电线路无人机巡检的应用，能极大地降低电网故障率，有效降低电网运营成本，提高电网维护的工作效率，变故障处置为隐患控制。随着科学技术的飞速发展，电网的不断扩张，对输电可靠性的要求也越来越高，无人机用于电力巡检的优越性将会更加明显，在未来的电力巡检工作中，线路巡检会越来越多地使用无人机，巡检的效率和可靠性将得到大大地提高，无人机将具有举足轻重的地位。

第三章　无人机巡检前准备和检查

第一节　无人机巡检前准备

一、现场实地勘察

接到巡检任务，需先对巡检现场进行现场实地勘察，记录现场环境、风速、周边障碍物等并填写勘察记录单，对作业现场进行评估，观察周边是否存在机场、军事基地、重要设施等敏感区域，巡检时应当尽可能避免在该地区进行作业，否则需要申请空域并办理相关空域申请手续，填写"架空输电线路无人机巡检作业工作单"（工作单的填写要求应按照《两票》管理规定规范填写）

二、无人直升机巡检系统技术指标要求

根据现场勘查结果，确定巡检作业所使用的机型及需配备巡检作业人员，针对架空输电线路精细化巡检和故障巡检中使用较多的中、小型无人直升机，根据 Q/GDW 11385—2015《架空输电线路无人直升机巡检系统》定义，对无人直升机飞行巡检作业人员配备及系统技术指标要求见表 3-1。

表 3-1　　　　无人直升机飞行巡检作业人员配备及系统技术指标

机型	角色	人数	作业人员分工
中型机	工作负责人	1	全面组织巡检工作开展，负责现场飞行安全
	操控手	1	负责无人直升机人工起降操控、设备准备、检查、撤收
	程控手	1	负责程控无人直升机飞行、遥测信息监测、设备准备、检查、航线规划、撤收
	任务手	1	负责任务设备操作、现场环境观察、图传信息监测、设备准备、检查、撤收

机型	角色	人数	作业人员分工
小型机	工作负责人	1	负责组织巡检工作开展及现场飞行安全，可兼任操控手或程控手
	操控手	1	负责无人直升机操控
	程控手（任务手）	1	负责任务设备操作、遥测信息监测

中型无人直升机巡检系统技术指标要求见表 3-2。

表 3-2　　　　　中型无人直升机巡检系统技术指标要求

序号	指标类别	指 标 要 求
1	环境适应性	存储温度范围：−20～65℃
		工作温度范围：−20～55℃
		相对湿度：≤95%（25℃）
		抗风能力≥10m/s（距地面 2m 高，瞬时风速）
		抗雨能力：能在小雨（12h 内降水影小于 5rnm 的降雨）环境条件下短时飞行
2	飞行性能	巡检实用升限（满载，一般地区）≥2000m（海拔）
		巡检实用升限（满载，高海拔地区）≥3500m（海拔）
		续航时间（满载，经济巡航速度）≥50min
		悬停时间≥30min
		最大爬升率≥3m/s
		最大下降率≥3m/s
3	重量指标	空机质量：7～116kg，正常任务载重（满油），一般大于 10kg
4	航迹控制精度	水平航迹与预设航线误差≤5m
		垂直航迹与预设航线误差≤5m
5	通信	数传延时≤80ms，误码率≤1×10^{-6}
		传输带宽≥2M，图传延时≤300ms
		距地面高度 60m 时最小数传通信距离≥5km
		距地面高度 60m 时最小图传通信距离≥5km
6	任务载荷	可见光图像检测效果要求：在距离目标 50m 处获取的可见光图像中可清晰辨识 3mm 的销钉级目标
		高清可见光摄像机帧率≥24fps；支持数字及模拟信号输出，支持高清及标清格式；连续可变视场
		红外热像仪分辨率≥640×480 像素；热灵敏度≤100mK；输出信号制式 PAL；在距离目标 50m 处，可清晰分辨出发热点
		吊舱回转范围方位：n×360°；俯仰：+20°～−90°
		吊舱回转方位和俯仰角速度：≥60°/s
		吊舱稳定精度≤100μrad（RMS）
		机载存储应用插拔式存储设备，存储空间不小于 64GB

序号	指标类别	指 标 要 求
7	地面展开时间、撤收时间	地面展开时间≤30min
		撤收时间≤15min
8	平均无故障间隔时间	平均无故障工作间隔时间（MTBF）≥50h
9	整机寿命	整机寿命≥500h
10	编辑飞行航点	编辑飞行航点≥200h

小型无人直升机巡检系统技术指标要求见表3-3。

表3-3　　　　　小型无人直升机巡检系统技术指标要求

序号	指标类别	指 标 要 求
1	环境适应性	存储温度范围：−20～65℃
		工作温度范围：−20～55℃
		相对湿度：≤95%（25℃）
		抗风能力≥10m/s（距地面2m高，瞬时风速）
		抗雨能力：能在小雨（12h内降水影小于5mm的降雨）环境条件下短时飞行
2	飞行性能	巡检实用升限（满载，一般地区）≥3000m（海拔）
		巡检实用升限（满载，高海拔地区）≥4500m（海拔）
		悬停时间≥20min（满载）
		最大爬升率≥3m/s
		最大下降率≥3m/s
3	重量指标	不含电池、任务设备、云台的空机质量≤7kg
4	飞机控制精度	地理坐标水平精度小于1.5m
		地理坐标垂直精度小于3m
		正常飞行状态下，小型无人直升机巡检系统飞行控制精度水平小于3m
		正常飞行状态下，小型无人直升机巡检系统飞行控制精度垂直小于5m
5	通信	数传延时≤20ms，误码率≤$1×10^{-6}$
		传输带宽≥2M（标清），图传延时≤300ms
		距地面高度40m时数传距离不小于2km
		距地面高度40m时图传距离不小于2km

序号	指标类别	指 标 要 求
6	任务载荷	可见光传感器的成像照片应满足在距离不小于 10m 处清晰分辨销钉级目标的要求。有效像素不少于 1200 万像素
		红外传感器的影像应满足在距离 10m 处清晰分辨发热故障。分辨率不低于 640×480 像素；热灵敏度不低于 50mK；测酒精度不低于 2K；测温范围－20～150℃
		可视范围应保证水平－180°～180°，同时俯仰角度范围－60°～30°
		机载存储应采用插拔式存储设备，存储空间不小于 32GB
7	地面展开时间、撤收时间	地面展开时间≤5min
		撤收时间≤5min
8	平均无故障工作间隔时间	平均无故障工作间隔时间（MTBF）≥50h

无人机巡检作业人员要求：

（1）作业人员应具有 2 年及以上架空输电线路运行维护工作经验，了解航空、气象、地理等相关知识，掌握无人直升机理论及技能，并考试合格。

（2）具备必要的安全生产知识，学会紧急救护法。

（3）作业人员应身体健康、精神状态良好，无妨碍作业的生理和心理障碍。作业前 8h 及作业过程中严禁饮用任何酒精类饮品。

第二节　无人机系统的展开与检查

一、无人机巡检流程

无人机巡检流程，如图 3-1 所示，依次为无人机的组装（云台、机臂、电池和地面站组装）和检查、调试（连线是否正确、图传是否正常、机体结构是否牢固、电池电量是否充足、云台和相机是否稳定、机体是否平衡等）、巡检、拍摄完成、巡检结束。

二、无人机系统展开的一般步骤

（1）检查周围环境，是否适合飞行。无人机与地面障碍物至少距离 10m，

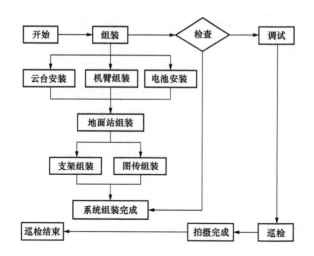

图 3-1　无人机巡检流程

若附近有其他的飞行器，则二者之间距离不少于 20m，以防止无人机系统信号干扰，飞行场地无与飞行无关的人员。确保地面站与无人机中间无任何遮挡，按通电前检查表检查各设备，见表 3-4。

（2）安装荷载设备，将设备挂上机体，连接荷载与机体各插件。

（3）将 GPS 支架竖起，将动力电池放入电池舱内。

（4）检查地面站电池电量，确保充足。

（5）架设图传天线（天线架设时尽量隔开一定距离，不要靠得太近），天线尽可能装设在起飞位置的最高点（如汽车顶、帐篷顶），注意天线周围无遮挡物。

（6）展开地面站电脑，连接数传天线、图传天线（切勿带电连接图传天线）。

表 3-4　　　　　　　　通 电 前 检 查 表

序号	要求（按操作前后顺序逐一检查并确认结果）	结果确认
1	动力电池 6s，电压大于 25V	
2	遥控器电池电压大于 6.7V	
3	地面站电池电量充足（至少大于 50%）	
4	飞行场地无与飞行任务无关的人员	
5	遥控器、无人机、地面站编号对应一致	
6	机身各处螺钉均已拧紧	
7	机臂安装稳固，锁紧环拧紧	
8	用手转动螺旋桨，电机旋转灵活顺畅，无卡顿、无异响。螺旋桨无破损	

序号	要求（按操作前后顺序逐一检查并确认结果）	结果确认
9	云台、照相机设备安装稳固，动力线、信号线连接到位	
10	GPS支架支起，并确保稳固	
11	安装机载图传天线、数传天线，安装稳固，天线垂直摆放到位	
12	安装地面站数传天线，架设图传天线，连接稳固，地面天线周围无遮挡物，图传天线间距大于2m	
13	地面站图传显示屏安装稳固，紧固螺钉拧紧，显示屏电源及视频信号输入的接插件连接正确	

三、 系统通电与检查

（1）打开地面站电脑、数传电台开关、图传电台开关。

（2）检查遥控器各通道开关是否在正确位置，油门是否收到最低点，确定飞行模式是否正确，打开遥控器，按通电检查表检查遥控器各项设置，见表3-5。

表3-5　　　　　　　　　通 电 检 查 表

序号	要求（按操作前后顺序逐一检查并确认结果）	结果确认
1	接电顺序正确：地面站、遥控器、无人机	
2	起飞、降落时，无人机与操作人员距离大于10m	
3	遥控器上模型选择正确：模型编号与飞机标号对应	
4	遥控器发射器信号灯亮：蓝色	
5	遥控器上模式选择正确，GPS模式起飞	
6	遥控器各通道开关在正确位置	
7	遥控器微调在零位	
8	正确连接动力电池：负极（黑色接头）相连，正极（红色接头）相连，先负后正	
9	打开地面站电动机测试电机转向正确无误：俯视上层逆时针，下层顺时针	
10	地面站显示横滚、俯仰、航向的姿态反馈与无人机实际姿态相符	
11	云台俯仰、横滚、航向与遥控器操作舵量对应一致，遥控器操作检查拍照功能正常	
12	若配备有高清图传显示屏，检查图传显示是否正常	
13	检查收星颗数，为提高飞行质量，一般起飞时保证收星达到8颗及以上，卫星颗数越多，定位精度越高	

（3）将动力电池放入电池舱，无人机通电；动力电池连接方式为：负极（黑色接头）相连，正极（红色接头）相连，先接负极，后接正极。注意：先打开遥控器，再将无人机通电。

（4）打开云台、照相机。

（5）打开地面站软件，选择通信端口，提示参数获取完成，则连接成功。观察地面站软件的数据连接信号是否满格，检查图传回传图像显示是否正常。

（6）在地面站软件上打开电动机测试窗口，检查电动机转向，有必要时，进行磁传感器校准。

1）在以下几种情况下需进行磁罗盘校准。

a. 地区跨度比较大，一般距离上次校准地点距离较大时需要校准，当距离大于300km时；但如果同城作业，最好是在一个磁干扰少的地方进行磁传感器校准，不需要每换一个作业地点都进行校准，这样更能确保其准确性。

b. 地区跨度比较大，一般距离上次校准地点距离较大时需要校准，当距离大于300km时；但如果同城作业，最好是在一个磁干扰少的地方进行磁传感器校准，不需要每换一个作业地点都进行校准，这样更能确保其准确性。

c. 地磁环境比较复杂，如有铁矿山地方。

2）当机载电子设备发生变化时需要进行校准。

a. 地区跨度比较大，一般距离上次校准地点距离较大时需要校准，当距离大于300km时；但如果同城作业，最好是在一个磁干扰少的地方进行磁传感器校准，不需要每换一个作业地点都进行校准，这样更能确保其准确性。

b. 地磁环境比较复杂，如有铁矿山地方。

c. 当机载电子设备发生变化时需要进行校准。

3）校准操作步骤。

a. 在地面站软件中，打开校准菜单中的磁罗盘校准界面。

b. 单击确定按钮进入校准状态。

c. 分别沿着无人机横轴和纵轴各转动一周。水平旋转飞行器360°，飞行器状态指示灯绿常亮（见图3-2）；使飞行器机头朝下，水平旋转360°（见图

3-3)。

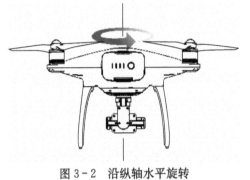

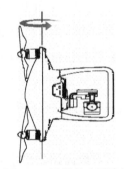

图3-2 沿纵轴水平旋转
飞行器360°示意图

图3-3 沿横轴水平旋转
飞行器360°示意图

（7）检查云台是否可控，检查拍照功能是否正常，图传上电后需要等20~30s才可完成初始化、看到图像。不可反复插拔，影像设备响应速度。

（8）检查地面站收星情况。

地面站收星情况检查：

（1）检查地面站收星情况。飞行器上电后，打开地面站软件，选择对应的端口，单击连接（注意：连接时不要连续单击，因为此时系统正在搜寻数据链，收到后会获取飞行器状态参数，所以连接后等待几秒钟，微微抬起飞行器看姿态球是否也在动，有运动说明已经连接上），连接后查看地面站右下角数据连接强度，如果数据连接强度在90以上，说明数据连接正常，否则查看是否有同频干扰数据链（一般只考虑飞行器距离地面站100m以内）。

（2）水平检查。查看PFD姿态是否水平，如果不是水平，单击按钮水平校准，然后等待2~3s，等待PFD姿态水平。

（3）保护检查。单击菜单栏参数调节→设置→保护，进入设置界面，检查：①查看遥控失联是否设置；②查看地面站失联是否设置；③查看电压保护是否设置；④查看电子围栏是否开启（不是特意开启地理围栏，请关闭）；⑤查看返航高度是否合理（一般设置80m）；⑥查看任务模式速度是否设置（可根据需求设置，推荐飞行速度10m，下降速度2.5m，上升速度3m）。

（4）航线检查。单击主界面左边快捷菜单航点编辑，然后单击主界面下传航线按钮，查看飞行器是否已经存在航线，如果存在，确定是你需要的航线，如果不是，单击擦除地图上按钮，然后单击上传航点按钮，再次单击下传航点按钮，查看航点是否已经清空。

（5）电动机转向检查。电动机主界面左边快捷菜单栏电动机测试进入界面。根据飞行器螺旋桨的位置逐个单击对应的按钮，查看转向及位置是否正确。

四、飞行器系统设置及检查（以 DJI Phantom4 Pro 为例）

（一）界面显示数据设置

1. 飞行器状态指示灯说明

（1）正常状态：

红绿黄连续闪烁——系统自检；

黄绿灯交替闪烁——预热；

绿灯慢闪——可安全飞行（使用 GPS 定位）；

绿灯双闪——可安全飞行（使用视觉定位系统定位）；

黄灯慢闪——可半安全飞行（无 GPS 无视觉定位）。

（2）警告与异常：

黄灯快闪——遥控器信号中断；

红灯慢闪——低电量报警；

红灯快闪——严重低电量报警；

红灯间隔闪烁——放置不平或传感器误差过大；

红灯常亮——严重错误；

红黄灯交替闪烁——指南针数据错误，需校准。

2. 遥控器操作

（1）调整摇杆长度。可根据操控习惯，调节摇杆长度。适当的摇杆长度可以提高操控的精确性。

（2）飞行模式切换开关。拨动该开关以控制飞行器的飞行模式。飞行模式切换开关位置定义如图 3 - 4 所示，每个开关位置对应的飞行模式见表 3 - 6。

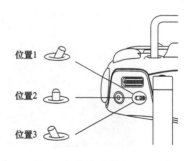

图 3 - 4　飞行模式切换开关位置示意图

表 3-6　　　　　　　　　　　　开关位置对应的飞行模式

位　　置	对应飞行模式
1	P 模式（定位）
2	S 模式（运动）
3	A 模式（姿态）

P 模式（定位）——使用 GPS 模块或视觉定位和前视障碍物感知系统以实现飞行器精确悬停，指点飞行以及高级模式等功能。该模式下飞行器的感度值被适当调低。

S 模式（运动）——使用 GPS 模块或视觉定位以实现精确悬停，该模式下飞行器的感度值被适当调高，务必格外谨慎飞行。飞行器最大水平飞行速度可达 20m/s。

A 模式（姿态）——不使用 GPS 模块与视觉定位系统进行定位，仅提供姿态增稳，若 GPS 卫星信号良好可实现返航。

3. 进入程序界面设置

当前期工作均已顺利完成，即可对飞行器进行具体的飞行设置，如图 3-5 所示的为一个各项参数都符合飞行条件的界面。飞行前，需确保 GPS 卫星颗数达到 8 颗及以上，数传、图传信号正常，电池电量充足、右下角显示框内的飞行器与起降点重合等。

图 3-5　一个各项参数都符合飞行条件的界面

（二）具体参数设置

除以上界面显示数据之外，还需进行以下具体设置：

1. 单击界面右上角"…"，进入如图 3-6 所示飞行参数显示

此处重点为避障、电池电量、飞行限制区域 3 部分。

图 3-6　飞行参数设置

（1）在安全策略中，会有飞行器失联，这种情形下可设置"原地悬停"和"自动返航"两种模式。为保证安全，在外部环境较好，障碍物少的情况下可设置为"自动返航"，并应根据现场实际情况设置返航高度。如果巡检地段障碍物较多，返航过程中有与其他物体发生碰撞的危险，安全策略则应根据情况设置为"原地悬停"。注意，安全策略的设置要根据现场实际情况，通过巡检现场勘查后进行确定。

（2）飞行器限高设定。为保证飞行安全，不影响民用航空器的正常运行，需对飞行器进行高度设定。如图 3-7 所示，中心红色部分为机场禁飞区，在未进行空域申请的情况下，该区域禁止飞行，如果强行打开飞行器，DJI 后台的电动机自动锁定程序，电动机无法正常转动。

图 3-7 灰色区域为飞行限制区，飞行器可以在此区域飞行，但受到一定的限制，最大飞行高度不得高于 120m，当达到临界高度时，飞行器会自动提示，无法继续向高处飞行。需在此区域进行飞行时，现场勘查完毕后，提醒飞行人员对飞行高度进行设置，不得超过 120m，并注意时刻观察有飞机飞过时必须让

开飞行路线甚至降落。

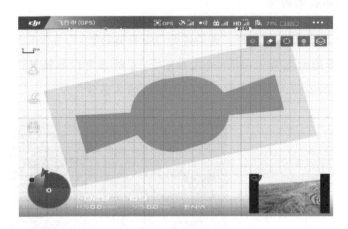

图 3-7　飞行器限高设定

2. 感知设置

飞行器超视距飞行时，为了确保与巡检物体保持一定的安全距离，需要启动飞行器的"视觉避障系统"，当飞行器逐渐接近目标物时，地面显示系统会有距离显示，飞行器进一步到达 5m 距离时，控制器会有"嘀嘀"响声提示，如果距离达到 2m 左右时，会有急促的"嘀嘀"提示音，为防止碰撞飞行器会自启动紧急刹车，确保飞行器安全，如图 3-8 所示。

图 3-8　飞行器感知设置

3. 智能电池模块设置

为了确保飞行器安全稳定地完成飞行任务，需对飞行电池进行定期维护，长时间不使用的智能电池应用"电池管家"对其充放电，启动储存模式后，充电管家自动对电池进行充放电管理。

飞行前，需要对电池电量设置检查，根据长期飞行经验，通常将"低电量报警"设置为30％，如图3－9所示，当电池电量达到低电量时，控制器会出有明显的提示音；严重低电量报警通常设定为10％～15％，为了确保足够的电量返航，不建议将电池电量使用至严重低电量。当飞行器飞行距离较远，没有足够的电量返航，地面显示系统会提示"已达智能返航电量，飞行器10s后自动返航"，多数情况下并未达到"低电量报警"的30％，为确保安全，应停止飞行并安全返航。

图3－9 飞行器智能电池设置

低电量警报及操作见表3－7。

表3－7 低电量警报及操作

电量指示	含义	飞行器状态指示灯	界面提示	飞行
智能低电量返航	剩余电量仅足够安全返航	红灯慢闪	提示是否自动返航降落，若不做选择，10s后飞行器将默认返航，可选择立刻返航或取消返航	选择执行后，飞行器将自主返航降落并停止电动机。更换电池后，即可重新飞行。也可在返航过程中重新获取控制权，自行降落。注意：重新获取控制权后，将不会再次出现低电量报警返航提示框

续表

电量指示	含义	飞行器状态指示灯	界面提示	飞 行
智能低电量降落	剩余电量仅足够从当前高度降落	红灯快闪	提示作业人员正强制降落，不可取消	飞行器将缓慢自行降落并停止电动机
预计剩余飞行时间	当前电量所能支持的剩余飞行时间	无	无	无

4. 飞行状态列表确认

各部分设置完成后，可点开"飞行状态列表"进行飞行状态确认如图 3－10 所示。确认各部分显示"正常"，遥控器设置完毕。

图 3－10　飞行器状态列表

五、 装箱与运输注意事项

（1）无人机装箱前，须将无人机供电电源取下。

（2）外场作业和运输时，电池必须装入密封的锂电池防爆箱内，且必须远离火源，避开高温环境。

（3）无人机应放置在平稳的工作台或地面，防止滑动、摔落或与其他物品相互碰撞而造成损伤。运输包装箱内应有减震隔层，防止振动和部件相互碰撞。

（4）无人机运输箱的存放环境温度为－15～40℃，相对湿度不大于80％，周围环境中没有酸性、碱性或其他腐蚀性气体的库房内保管。

六、 电池电压检测

（1）电池接头连接到电池电压检测仪的插针上。

（2）按 TPYE 选择电池类型（LiPo‐LiFe‐Lilon）。

（3）按 MODE 键分别显示电池的信息：总电压→电池芯电压差→最大电池芯电压→最小电池芯电压。

（4）按 CELL 可以分别显示单电池芯的信息。

注意：

（1）不得在有火花的地方使用电池电压检测仪。插拔电池接头时产生的火花非常危险。

（2）不得将两个电池接头同时接到电池电压检测仪，否则电池短路会造成急剧发热，打火花。

（3）切勿反接电池，否则会损坏电池电压检测仪。

七、 电池低温使用注意事项

动力电源主要为电动机的运转提供电能。通常采用化学电池来作为电动无人机的动力电源，主要包括镍铬电池、钾聚合物、锂离子动力电池。其中，前两种电池因重量重，能量密度低，现已基本上被锂聚合物动力电池所取代。聚合物电池（又称高分子锂电池）相对以前的电池来说，能量高、小型化、轻量化，是一种化学性质的电池。在形状上，钾聚合物电池具有超薄化特征，可以配合一些产品的需要，制作成不同形状与容量的电池。电池低温使用注意事项：

（1）在低温环境（－10～5℃）下使用电池，电池容量将骤减从而导致飞行时间急剧减少。当电池在－10～5℃范围内工作时，需满足一定电压条件方可起飞。使用前对电池充电并保温。

（2）不推荐在－10℃环境以下使用电池。

（3）在低温环境下，当 DJI GO App 提示"低电压报警"应立即停止飞行。

（4）在低温环境下，建议在飞行前将电池加热至5℃以上，预热至20℃以上更佳，但也不可温度过高。

八、 飞行模式说明

（1）姿态模式。姿态模式下没有气压计和 GPS 辅助，飞行控制只能提供增稳辅助和保持飞行器姿态的平稳。控制杆量对应飞行器机身姿态的倾斜角度、横滚，俯仰遥杆中位对应机身姿态 0°角度，横滚，俯仰遥杆的最大或最小端点对应飞行器机身姿态 45°角度，因此，姿态模式不具备定高、定点功能。

（2）定高模式。定高模式在姿态增稳的基础上增加了气压计辅助定高能力，当油门杆回到中位时，飞控系统在保持飞行器的姿态的平稳的同时还将锁定飞行高度。横滚、俯仰遥杆中位对应机身姿态 0°角度，横滚、俯仰遥杆的最大或最小端点对应飞行器机身姿态 45°角度，因此选择"定高模式"下飞行时，飞控可提供高度辅助，实现自动高度保持。

（3）GPS 模式。GPS 模式是在三维空间里实现空间定点能力，即定高、定点能力，此模式需要卫星定位辅助，在卫星数量达到可锁定的状态时方可进入此模式（一般至少需要 4 颗以上的 GPS 卫星），一旦进入此模式飞控系统能在自动保持飞行器姿态平稳的基础上实现定高、定点飞行。

（4）手动模式。在此模式下飞控的姿态稳定辅助将大幅度减少，飞行器处于比较自由状态，飞行姿态绝大部分依赖飞手的控制，未受过飞行训练的人员不能尝试。

（5）任务模式。在任务模式下可执行预设的任务航线指令，自动完成预设的所有飞行指令，可实现一键起飞完成任务，并自动返航降落。

（6）引导模式。此模式需要使用地面站连接飞行器通过单击地面站地图上的某个点来发出引导飞行的指令，飞控收到命令后会牵引飞行器前往目标位置，一旦达到位置飞行器将悬停在该位置，等待下一个命令。

（7）降落模式。当触发降落模式时，飞行器以设定的降落速度下降到相对应起飞点 10m 高（不同的飞行器距离可能会设定不同），接着以 0.5m/s 的速度下降到地面，如果降落到地面，飞行器将自动关闭电机并上锁。

（8）直线返航模式。启动此模式的时候如果飞行器当前高度低于与设定的返航高度，飞控将控制飞行器先垂直爬升到预设的返航高度然后直线返回到起飞点位置上空，然后自动降落到起飞点位置；如果当前的飞行器高度大于预设的返航高度值，则飞行器直接进入直线返航到达起飞点上空然后自动降落到起飞点位置。

（9）航线返航模式。如果飞控已经上传了预设的返航航线，当启动航线返航模式的时候，飞控会自动计算最近的返航航线上的点，并从最近点进入返航航线进行返航，到起飞点上空然后自动降落到起飞点位置。

视觉定位：视觉定位系统为超声波与图像双结合的定位系统，通过超声波判断当前高度，同时利用摄像头以获取飞行器位置信息，从而使飞行器精准定位。视觉定位系统位于飞行器底部，由摄像头和超声波传感器两个模块组成。除了定位功能以外，它也能提供飞行器对地高度参考。

第四章 无人机巡检方法

随着科技的高速发展，相关数据和图像资料表明，在观察输电线路设备运行情况时，无人机技术可以起到相当关键的作用，大大减轻了电力员工的作业负担。通过无人机，可以清楚地判断重要部件是否受到损坏，保证输电线路的安全，保障居民的用电。除正常巡检和特殊巡检外，还可将无人机应用在电网灾后故障巡检中。当灾害导致道路受阻、人员无法巡检时，无人机可以发挥替代作用，开展输电线路巡查，准确定位杆塔、线路故障，且视角更广，能避免"盲点"。无人机巡检提高了电力维护和检修的速度和效率，使许多工作能在完全带电的情况下迅速完成，比人工巡检效率高出数十倍。

第一节 巡 检 内 容

无人直升机具备悬停功能，可操控性强，能近距离对线路设备进行巡视检测，其中多旋翼无人机飞行器本体机械结构简单，旋翼尺寸较小（潜在危害小、运行风险低），具有体积小、重量轻、易携带、易操控、可悬停、效率高、易维护等优点。与有人直升机与大中型无人机相比，具有机动灵活、巡检成本低等优势，能够快速机动地执行巡检任务。其巡检对象主要为线路设备本体。无人机巡检包括正常巡检、故障巡检和特殊巡检。

一、 正常巡视 （定期巡视）

主要对输电线路导线、地线和杆塔上部的塔材、金具、绝缘子、附属设施、线路走廊等进行常规性检查，及时发现和掌握杆塔附近环境的动态变化情况及线路本体的明显缺陷。巡检时根据线路运行情况、检查要求，选择性搭载相应的检测设备进行可见光巡检、红外巡检。可见光巡检主要检查内容包括导线、地线、绝缘子、金具、杆塔、基础、附属设施、线路走廊等外部可见异常情况和缺陷。红外巡检主要检查内容包括导线接续管、耐张管、跳线线夹及绝缘子等相关发热异常情况。220kV及以上线路，除人口活动密集区、禁飞区等不适合直升机作业区域外，应开展直升机日常巡视，单次作业应开展可见光巡视和红外测温工作，用于发现线路较为明显的缺陷和外部隐患。有助于掌握塔基、线路各部件运行情况及沿线情况，及时发现设备缺陷和威胁线路安全运行的情况。经常掌握线路各部件运行状况及沿线情况，并搞好护线工作。定期巡视由巡线人员负责，一般每周期进行一次，其他巡视根据具体情况确定，也可根据具体情况适当调整，巡视区段为全线。直升机不适合作业区域仍以人工巡视为主，并利用多旋翼无人机替代人工登塔进行精细化检查（禁飞区等不适合作业区域除外）。若人工地面巡视和机巡作业过程中，杆塔局部存在巡视盲区时，应按周期及时安排登塔巡视。部分位于河网、山坡等人员难以接近的杆塔，以多旋翼无人机开展精细化巡视为主，人工巡视为辅。35kV、110kV线路，由于杆塔高度较低和档距较小，一般采取以多旋翼无人机开展精细化巡视为主，人工巡视为辅。而且人工巡视每年至少一次，主要巡视通道和基础、铁塔、附属设施等机巡不易发现的设备缺陷和隐患。

二、 故障巡检

故障巡视主要是为了查明线路发生故障、接地、跳闸的原因，找出故障点并查明故障原因及故障情况，故障巡视应在发生故障后及时进行，一般巡视发生故障的区段或全线。故障巡视中，巡线员应将所有的巡视区段全部巡完，不得中断或遗漏，对所发现的可能造成故障的所有物件均应搜集带回，并对故障现场情况做好详细记录，以用来作为事故分析的依据和参考。防风、防汛、防雷、防鸟害、防污、防覆冰、防外力破坏、防山火、防漂浮物、灾情巡视、保供电等特殊巡视（不含夜间特巡），单点或小范围采用视频监控、人工巡视、人员值守、多旋翼无人机、固定翼无人机相结合的方式；整条线路或大面积快速普查推荐使用固定翼无人机（空域、天气满足条件），还可采用无人直升机。台风、大面积冰灾等灾情巡视，在空域和天气允许条件下以直升机、固定翼无人机巡视为主，多旋翼无人机、人工巡视为辅。

三、 特殊巡检

特殊巡视是在气候剧烈变化、大雾、导线覆冰、大风、暴雨等自然灾害，地震、河水泛滥、森林起火等人为灾害发生，导致线路过负荷和其他特殊情况时。根据季节特点、设备内外部环境及特殊生产需要做出的加强性、防范性及针对性巡检，对全线某几段或某些部件进行巡视，特别是输电线路塔基的检查，以发现线路及塔基的异常现象及部件的变形损害。特殊巡视根据需要及时进行，一般巡视全线、某线段或某部件。

第二节 巡 检 方 式

一、 单侧巡检

（1）对 500kV 及以下电压等级的交、直流单回或同塔双回输电线路，在无人机传感器视场能够覆盖巡检目标且目标间无明显遮挡时，宜采取单侧巡检方式。

（2）较陡山坡线路区段采取单侧巡检方式，无人机处于远离山坡侧。

（3）其他不宜开展双侧巡检工作的线路区段（如巡检一侧输电线路时无人机长时间处于工厂、民房、公路、大桥或其他输电线路上方），仅在可巡检侧采取单侧巡检方式。

二、 双侧巡检

（1）对 500kV 及以下电压等级的交、直流同塔四回及以上输电线路，及 500kV 以上电压等级的交、直流输电线路，在无人机传感器视场无法覆盖巡检目标或目标间有明显遮挡无法区分时，应采取双侧巡检方式。

（2）对 500kV 及以下电压等级的交、直流单回或同塔双回输电线路，有特殊巡检需求时宜采取双侧巡检方式。

三、 上方巡检

（1）采用固定翼无人机进行通道巡检时，一般采用上方巡检方式。

（2）采取上方巡检方式时，巡检高度一般至少为线路地线上方 100m。

四、 杆塔巡检

（1）应采用旋翼无人机对杆塔进行巡检，不宜采用固定翼无人机进行杆塔巡检。

（2）无人机应以低速接近杆塔，必要时可在杆塔附近悬停，使传感器在稳定状态下采集数据，确保数据的有效性与完整性。

（3）中型、大型无人机杆塔巡检高度宜与线路地线横担等高或稍高，当下端部件视角不佳不能看清时，可适当下降高度，自动飞行时最低高度应大于最小无地效高度。

（4）手动操作飞行时，中型、大型无人机外缘与杆塔及线路边导线巡检侧外缘水平距离分别不小于 15m、20m。自动飞行时，各水平距离比手动操作飞行相应增大 10m。

（5）中型、大型无人机在每基杆塔处低速或悬停巡检时间依照无人机具体性能参数及所携带传感器数据采集时间决定。

（6）小型无人机可根据实际需求调整悬停姿态及时间，无人机外缘与待巡检设备、部件的水平距离一般不宜小于 10m，可根据无人机性能、线路电压等级和巡检经验调整。

（7）旋翼无人机不应在杆塔正上方悬停。

五、 档中巡检

（1）无人机飞行方向应与该档线路方向平行。

（2）中型、大型旋翼无人机飞行高度宜与线路地线横担等高或稍高，中型、大型固定翼无人机飞行高度宜高于线路地线上方 100m 以上，小型无人机宜与巡检目标导、地线同高。

（3）手动操作飞行时，中型、大型无人机与巡检侧边导线的水平距离分别不小于 15、20m。

（4）自动飞行时，各水平距离比手动操作飞行相应增大 10m。

（5）小型无人机与巡检侧边导线的水平距离一般不宜小于 10m，可根据无人机性能、线路电压等级和巡检经验调整。

（6）旋翼无人机不应在线路正上方飞行，禁止在导线之间穿行。

六、 精细巡检

（1）精细巡检要求利用可见光相机/摄像机、红外热像仪、紫外成像仪等装置对线路设备、设施进行详细的档中巡检和杆塔巡检。

（2）精细巡检主要对象为线路本体设备及附属设施。

（3）精细巡检适用于在首次开展无人机巡检的线路、存在缺陷或异常的线路，以及按照巡检周期需要开展精细化巡检的线路。

（4）精细巡检一般采用旋翼无人机巡检系统进行。

七、 通道巡检

（1）视搭载的传感器不同，通道巡检分为快速巡检和扫描巡检。

（2）快速巡检要求利用可见光相机/摄像机、红外热像仪、紫外成像仪等装置对线路设备及线路走廊进行快速检查。主要巡检对象包括导地线异物、杆塔异物、通道下方树木、违章建筑、违章施工、通道环境等。适用于没有特殊运维需要线路的巡检。

（3）扫描巡检要求利用三维激光扫描仪对线路设备及通道环境进行扫描检查，获取三维点云数据。主要巡检对象包括通道下方树木、违章建筑、违章施工、通道环境等。适用于对线路通道安全测距以及线路走廊整体三维建模。

（4）旋翼或固定翼无人机巡检系统均可用于通道巡检。

八、 故障巡检

（1）线路故障后，根据故障信息，确定重点巡检区段、部位和巡检内容，采用无人机进行巡检作业和精细检查。

（2）故障巡检主要是查找故障点，检查设备受损和其他异常情况。

九、 特殊巡检

（1）在特殊情况下（如发生地震、泥石流、山火、严重覆冰等自然灾害后）或根据特殊需要，采用无人机进行灾情检查和其他专项巡检。

（2）灾情检查主要是对受灾区域内的输电线路设备状态和通道环境进行检查和评估。

（3）其他专项巡检主要是针对专项任务，搭载相应设备对架空输电线路进行巡检。

第三节 巡检方法及拍摄技巧

一、 无人机巡视拍摄顺序

无论杆塔类型，均以面向大号侧（面向杆塔号增加的方向）对全塔及通道的拍摄为起拍第一张，如图4-1所示。

图4-1 无人机巡视拍摄起拍第一张

（一）单回直线塔

（1）三角形排列。三角形排列杆塔主要为猫头塔（中相导线高于两边线导线）。其拍摄顺序为全塔→左侧架空地线→左侧绝缘子、悬垂线夹→右侧架空地线→右侧绝缘子、悬垂线夹，一般220kV绝缘子较长，对绝缘子及悬垂线夹拍摄时可以分开几张拍摄，顺序从上到下。顺序如图4-2所示。

（2）水平排列。导线水平排列杆塔主要为酒杯塔及门型塔（三相导线水平排列）。其拍摄顺序为全塔→左侧架空地线→左侧绝缘子、悬垂线夹→右侧架空地线→右侧绝缘子、悬垂线夹。顺序如图4-3所示。

图4-2　单回直线塔三角形排列拍摄顺序

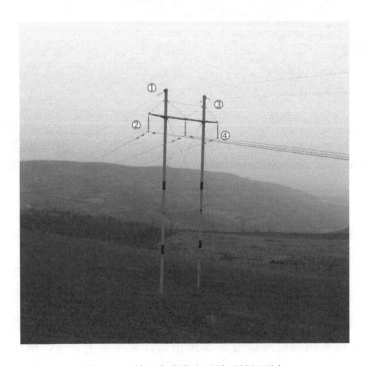

图4-3　单回直线塔水平排列拍摄顺序

（二）双回直线塔（杆）

拍摄顺序为全塔→左侧架空地线→左侧上相绝缘子、悬垂线夹→左侧中相绝缘子、悬垂线夹→左侧下相绝缘子、悬垂线夹→右侧架空地线→右侧上相绝缘子、悬垂线夹→右侧中相绝缘子、悬垂线夹→右侧下相绝缘子、悬垂线夹。顺序如图 4-4 所示。

图 4-4 双回直线塔（杆）拍摄顺序

（三）单回耐张（转角）塔

（1）水平排列。全塔→左侧架空地线及引流线→左侧小号侧绝缘子、耐张线夹俯侧视→左侧大号侧绝缘子、耐张线夹俯侧视→中线小号侧绝缘子、耐张线夹俯侧视→中线大号侧绝缘子、耐张线夹俯侧视→右侧架空地线及引流线→右侧小号侧绝缘子、耐张线夹俯侧视→右侧大号侧绝缘子、耐张线夹俯侧视。顺序如图 4-5 所示。

（2）三角排列。全塔→左侧架空地线及引流线→左侧小号侧绝缘子、耐张线夹俯侧视→左侧大号侧绝缘子、耐张线夹俯侧视→中线小号侧绝缘子、耐张线夹俯侧视→中线大号侧绝缘子、耐张线夹俯侧视→右侧架空地线及引流线→右侧小号侧绝缘子、耐张线夹俯侧视→右侧大号侧绝缘子、耐张线夹俯侧视。顺序如图 4-6 所示。

图 4-5 单回耐张（转角）塔水平排列拍摄顺序

图 4-6 单回耐张（转角）塔三角排列拍摄顺序

（四）双回耐张（转角）塔

全塔→左侧架空地线及引流线→左侧上相小号侧绝缘子、耐张线夹俯侧视→左侧上相大号侧绝缘子、耐张线夹俯侧视→左侧中相小号侧绝缘子、耐张线夹俯侧视→左侧中相大号侧绝缘子、耐张线夹俯侧视→左侧下相小号侧绝缘子、耐张线夹俯侧视→左侧下相大号侧绝缘子、耐张线夹俯侧视→右侧架空地线及引流线→右侧上相小号侧绝缘子、耐张线夹俯侧视→右侧上相大号侧绝缘子、耐张线夹俯侧视→右侧中相小号侧绝缘子、耐张线夹俯侧视→右侧中相大号侧绝缘子、耐张线夹俯侧视→右侧下相小号侧绝缘子、耐张线夹俯侧视→右侧下相大号侧绝缘子、耐张线夹俯侧视。顺序如图4-7所示。

图4-7　双回耐张（转角）塔拍摄顺序

二、220kV 以上线路飞行巡视技巧及拍摄顺序

对于 220kV 以上线路一般采用下列飞行巡视技巧及拍摄顺序。

(一)"Z"字巡检法

利用多旋翼无人机对单回耐张杆塔进行巡视工作时,采用"单回耐张 10 点观测法"进行巡视。

适用范围:220kV、500kV 交流输电线路;适用机型:大疆经纬 M200 型四旋翼无人机(包含但不限于)。"单回耐张 10 点观测法"巡检方法设计了 10 个观测点,每个观测点分布如图 4-8 所示,每一个观测点为悬停拍摄点,拍摄内容为距离观测点最近的挂点,确保拍摄内容能覆盖完杆塔全部设备。每个观测点相对杆塔的位置选择依据为:在保证飞机与杆塔安全距离的前提下,一般保持 8~10m 的水平距离进行悬停。

在保证飞机与杆塔安全距离的前提下,机头方向与杆塔绝缘子串导线端均压环位置成俯视角约 45°夹角,通过控制云台方向和变换云台焦距,将挂点进行全方位的拍摄检查,每个挂点至少拍摄 1 张照片。可根据现场情况适当调整,全塔至少拍摄 10 张照片。巡视单基杆塔需要 10 个悬停点,"单回耐张 10 点巡检方法"因此得名。

图 4-8 "单回耐张 10 点观测法"巡检顺序

(二)"U"字巡检法

利用四旋翼无人机对单回直线杆塔进行巡视工作时,采用"'U'形 6 点观测法"进行巡视。

适用范围：220kV、500kV交流输电线路；"'U'形6点观测法"巡检方法设计了6个观测点，每个观测点分布如图4-9所示，每一个观测点为悬停拍摄点，拍摄内容为云台能够观测到的全部挂点，确保全部拍摄内容能够覆盖杆塔全部设备。

每个观测点相对杆塔的位置选择依据为：在保证飞机与杆塔安全距离的前提下，一般保持8~10m的水平距离进行悬停。机头方向与杆塔挂点成俯视角约45°夹角，通过控制云台方向和变换云台焦距，对挂点进行全方位的拍摄检查，每个挂点至少拍摄1张照片。可根据现场情况适当调整，全塔至少拍摄6张照片。每一回线路的巡检作业飞行轨迹形似"U"字并采用6个悬停点，"'U'形6点巡检方法"因此命名。

飞抵杆塔与返航
巡检顺序
❶、❷…❻ 观测点

图4-9　"'U'形6点观测法"巡检顺序

（三）"V"字巡检法

利用多旋翼无人机对紧凑型杆塔进行巡视工作时，采用"紧凑型杆塔6点观测法"进行巡视。

适用范围：220kV和500kV交流输电线路；"紧凑型杆塔6点观测法"巡检方法设计了6个观测点，每个观测点分布如图4-10所示，每一个数字为悬停拍摄点，拍摄内容为云台能够观测到的全部挂点，确保全部拍摄内容能够覆盖杆塔全部设备。

每个位置相对杆塔的观测点选择依据为：在保证飞机与杆塔安全距离的前提下，一般保持8～10m的水平距离进行悬停拍摄。

飞机靠近在观测点1时，机头方向与杆塔和绝缘子串的位置角约45°，通过控制云台方向和变换云台焦距，对绝缘子端的挂点进行全方位的拍摄检查，如远端拍摄点6的光线和视觉条件允许也可进行变焦拍摄（每个挂点至少拍摄1张照片）。

飞机靠近观测点2时，机头方向与杆塔绝缘子串的挂点位置的成俯视角约45°夹角，通过控制云台方向和变换云台焦距，将绝缘子串杆塔端的挂点进行全方位的拍摄检查，如远端观测点4、观测点5的挂点光线和视觉条件允许也可进行变焦拍摄，（每个挂点至少拍摄1张照片）。

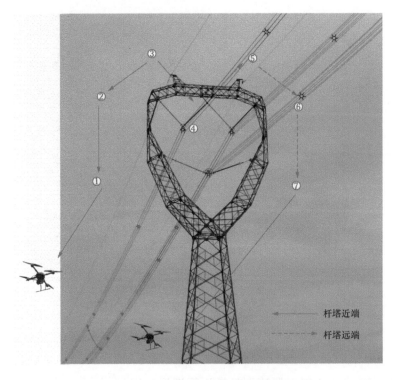

图4-10 "V"字巡检法巡检顺序

飞机靠近观测点3时，机头方向与杆塔的光缆挂点成俯视角约45°夹角，通过控制云台方向和变换云台焦距，将光缆端的挂点进行全方位的拍摄检查（每个挂点至少拍摄1张照片）。

飞机在靠近观测点 4 时，（此处应注意飞机下降时的速度，并时刻保持飞机与光缆和地线间的距离）当飞机下降至与杆塔横担平齐的横担中心点时为最佳拍摄角度，此时保持悬停在横担中心点并实时注意飞机姿态。开始拍摄左、中、右相的各部位拍摄点。拍摄完毕后飞行至 5 号点，注意移动时要保持垂直，不要打副翼及方向舵。当升高到安全距离时再飞向 5 号观测点（每个挂点至少拍摄 1 张照片）。

飞机在靠近观测点 5 时，机头方向与杆塔和地线的挂点视角约 45°夹角，通过控制云台方向和变换云台焦距，将地线端的挂点进行全方位的拍摄检查（每个挂点至少拍摄 1 张照片）。

飞机在靠近观测点 6 和观测点 7 时，视角约 45°夹角，通过控制云台方向和变换云台焦距，将之前因拍摄角度和光线不佳的各连接部位及金具进行补拍（每个挂点至少拍摄 1 张照片）。

以上观测点可根据现场情况适当调整，现场至少拍摄 10 张照片。由于飞机抗磁能力强弱不同，驾驶员出于飞行安全可考虑忽略进入观测点 4；由观测点 3直接飞行至观测点 5。直至将全部挂点拍摄清晰。

（四）双"U"字巡检法

利用四旋翼无人机对单回直线杆塔进行巡视工作时，采用"6 点观测法"进行巡视。

适用范围：220kV 和 500kV 交流输电线路；"6 点观测法"巡检方法设计了16 个观测点，每个观测点分布如图 4-11 所示，每一个观测点为悬停拍摄点，拍摄内容为云台能够观测到的全部挂点，确保全部拍摄内容能够覆盖杆塔全部设备。每个观测点相对杆塔的位置选择依据为：在保证飞机与杆塔安全距离的前提下，机头方向与输电线路成约 45°夹角，通过控制云台方向和变换云台焦距，将挂点进行全方位的拍摄检查，每个挂点至少拍摄 1 张照片。可根据现场情况适当调整，直至整串绝缘子在画幅中横向占比 $1 \sim \frac{1}{2}$，全塔至少拍摄 10 张照片。每一回线路的巡检作业飞行轨迹形似"U"字，双"U"形巡检方法因此命名。

图 4 - 11　双 "U" 形巡检作业顺序

第五章 无人机航线规划

第一节 航线分类

航线规划一般分为预规划航线、重规划航线和应急航线。

预规划航线，即飞行前根据既定任务，结合环境限制与飞行约束条件，从整体上制定的最优参考路径。

重规划航线，即飞行过程中根据遇到的突发状况，如气象变化、地形变化、限飞禁飞等未知因素，动态局部调整飞行路径或者改变动作任务。

应急航线，即考虑异常情况下的应急措施，规划一条安全返航通道和应急迫降点以及航线转移策略，使飞机能够从航线上的任意点转入安全返航通道或者从安全返航通道转向应急迫降点或机场，确保飞机安全返航。

第二节 规划流程

航线规划流程如图 5-1 所示。

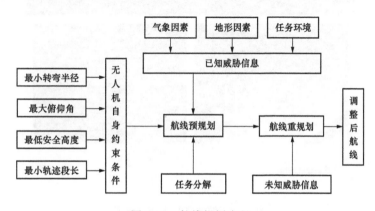

图 5-1　航线规划流程

第三节 规划内容及功能

一、 航线规划的内容

航线规划的内容包括出发起飞点、目的地点、任务动作点、返航降落点的地理位置信息以及飞行高度、飞行速度、途经线路以及需要到达的时间段等飞行特性信息。

航线规划应具备以下功能：

（1）可生成标准飞行轨迹功能。如常用的往复直线、圆形盘旋、8字形盘旋等标准飞行轨迹，生成后存储至标准飞行轨迹数据库，以便在飞行过程中根据任务需要及时进入或退出标准飞行轨迹。

（2）常规飞行航线生成、管理功能。生成对特定区域进行搜索的常规飞行航线，存储至常规航线库中，考虑了传感器特性、传感器搜索模式（速度、时间）和传感器观察方位（搜索半径、观测距离、角度）等多种因素后，即可实现对目标的最佳探测。

二、 圆形盘旋航线步骤示例

大疆公司的御2专业版设备创建圆形盘旋航线步骤如下。

（1）选择"航线飞行"，如图5-2所示。

图5-2 航线飞行操作示意图

（2）选择"创建航线"，如图 5 - 3 所示。

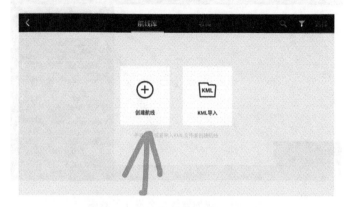

图 5 - 3　创建航线操作示意图

（3）选择第一个，单击"航点飞行"进入规划界面，如图 5 - 4 所示。

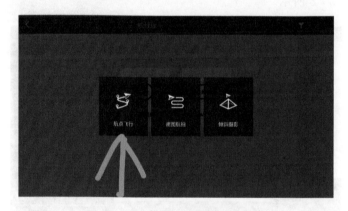

图 5 - 4　航点飞行操作示意图

（4）单击右上角将要规划的航线命名为"圆形盘旋"，如图 5 - 5 和图 5 - 6 所示。

图 5 - 5　规划航线新建操作示意图

图 5-6　规划航线命名操作示意图

（5）依次对航线的速度、高度、飞行器偏航角、云台控制、完成动作，如图 5-7 和图 5-8 所示。

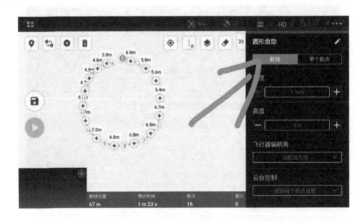

图 5-7　航线操作示意图

图 5-8　航线参数设置操作示意图

（6）完成航线设置后，在左侧地图单击设置航点位置，对于地图上的航点参数及动作可在右侧设置区单击单个航点然后进行数据设置，如图5-9和图5-10所示。

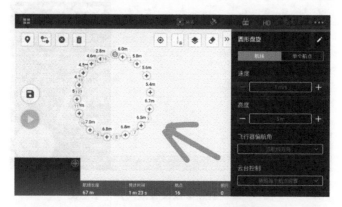

图5-9　航点位置设置操作示意图

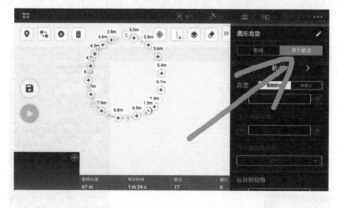

图5-10　单个航点数据设置操作示意图

对于航点位置设置有两步：

1）直接在地图拖着航点图标移动进行较大范围调整，如图5-11所示。

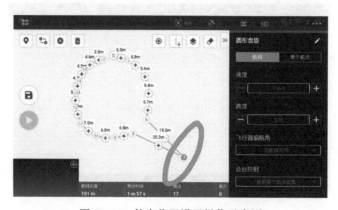

图5-11　航点位置设置操作示意图

2) 在航点参数设置区最底部用调整经纬度的方式进行微调，如图 5 - 12 所示。

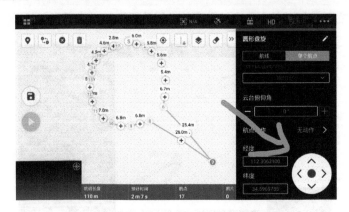

图 5 - 12　航点参数设置微调操作示意图

（7）设置调整完毕点击地图左侧中部图标保存即完成了航线规划，并可在航线库查看、执行，如图 5 - 13～图 5 - 15 所示。

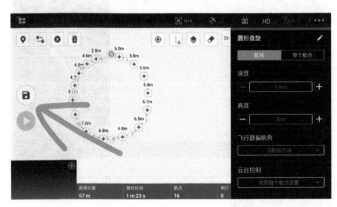

图 5 - 13　设置调整完毕保存

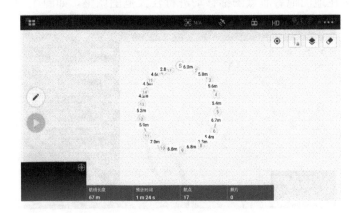

图 5 - 14　航线库查看操作示意图

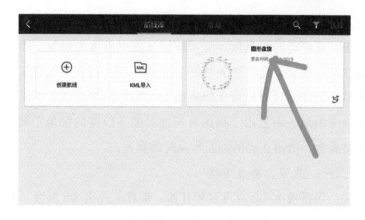

图 5-15 航线库执行操作示意图

第四节 无人机航线飞行训练技巧

一、要求与注意事项

（1）飞行过程中飞行器不能超出直径为 2m 的圆范围。

（2）为了提高操控水平，建议飞行训练过程中，不使用 GPS 模式，可选择姿态或手动飞行模式。

二、飞行训练技巧

（一）悬停、垂直飞行

1. 自转一周

（1）方法：飞行器在 2m 高度悬停，然后绕自身重心点纵轴旋转 360°（左右均可）。

（2）要求：悬停、悬转时高度不变，旋转速率 90°/s，停止时无提前或滞后现象，过程中无错舵发生，不能超过直径 2m 的圆，掉高不超过 0.5m。

（3）难点：旋转的过程中由于螺旋桨的反扭矩影响，在不操纵前翼机和升降舵的时候会有偏航。而且由于操纵者所面对的飞行器的视角不同，需要操纵者及时地调整思维，做出正确的判断和及时的修正。

2. 四位悬停

（1）方法：飞行器在 2m 高度悬停 2s 后，每悬停 2s 后原地转 90°（左右均

63

可）直至完成对尾→对右侧面对头→对左侧面。

（2）要求：悬停旋转时高度不变，旋转过程中机体无偏航，停止时角度正确，无提前或滞后现象，旋转速率为90°/s匀速，整个过程中无错舵现象发生。

（3）难点：旋转的过程中由于螺旋桨的反扭矩影响，在不操纵前翼机和升降舵的时候会有偏航。而且由于操纵者所面对的飞行器的视角不同，需要操纵者及时地调整思维，做出正确的判断和及时的修正。

3. 垂直上升，悬停，垂直下降

（1）方法：飞行器由1m高度悬停开始，垂直上升至4m高度，转入悬停2s后转入垂直下降过程，在1m高度上停止下降并转入悬停。

（2）要求：上升、下降匀速，速率为1m/s，悬停时间为2s，飞行器不能超过直径2m的圆，无明显的大幅修正动作。

（3）难点：飞行器在上升和下降阶段由于受气流的影响，如果不操纵副翼和升降舵，只是单一的加减油门的话，这个上升和下降的轨迹就不会是垂直的，所以需要及时地修正飞行器姿态，这时的打舵方向和舵量大小是保证垂直的关键。

（二）直线飞行

1. 10m高度水平直线

（1）方法：在A点悬停后向B点进行直线匀速飞行，如图5-16所示；

（2）要求：飞行路线匀速，高度保持不变；

（3）难点：此动作由于前进时会受风向影响、视觉差距影响，航线基本呈蛇形，需要及时修正副翼、升降舵。

2. 迎风直线

（1）方法：飞行器于A点开始，机头指向迎风，匀速前进至B点，如图5-17所示；

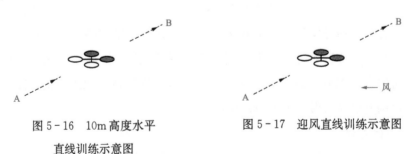

图5-16　10m高度水平　　　　图5-17　迎风直线训练示意图

直线训练示意图

（2）要求：飞行速度匀速，高度保持不变；

（3）难点：受风的影响，前进时会造成升力增加，飞行器有升高的趋势，需及时加减油门来调整，另阻力增加也需及时修正升降舵来调整飞行速度。

3. 顺风直线

（1）方法：飞行器于 A 点开始，机头指向背风，匀速前进至 B 点，如图 5－18所示；

（2）要求：飞行速度匀速，高度保持不变；

（3）难点：由于风的影响，前进时会造成升力减小飞行器有掉高的趋势，需及时加减油门来调整，另阻力减小，也需及时修正升降舵来调整飞行速度。

4. 45°下降着陆

（1）方法：由 A 点开始减油门，控制升降舵保持边前进边下降的航线，至 B 点结束并转入垂直着陆，如图 5－19 所示；

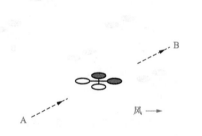
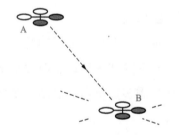

图 5－18　顺风直线训练示意图　　　　图 5－19　45°下降着陆训练示意图

（2）要求：航线匀速，停止果断；

（3）难点：和 10m 高度水平航线相似，另外由于修舵不及时易造成航线呈阶梯状。

（三）折线飞行

1. 垂直矩形

（1）方法：飞行器在 A 点右侧 1m 高度悬停，然后向右方平移 4m 后于 B 点停止悬停，2s 后转入垂直上升 4m 后于 C 点停止进入悬停，然后后平移 8m 至 D 点悬停，2s 后转入垂直下降至 E 点悬停，2s 后向前平移 4m 至 A 点结束，如图 5－20所示。

（2）要求：平移时高度保持不变匀速（1m/s），上升下降段垂直匀速（1m/s），

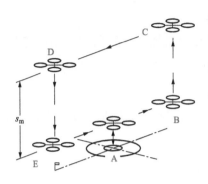

图 5-20 折线飞行垂直矩形
训练示意图

悬停时无明显移动。

（3）难度：视觉差会引起整条航线偏移，上升下降段由于要修正位置，易造成这段航线有停顿现象。

2. 垂直三角形

（1）方法：飞行器左侧（或右侧）1m高度悬停于 A 点，然后向 B 点方向匀速运动4m后，到达 B 点悬停后转入飞行器后退，做匀速上升移动至 C 点处悬停后，继续后退向 D 点方向转入匀速下降移动至 D 点停止，再前进至 A 点，如图 5-21 所示。

（2）要求：平移时高度保持不变匀速（1m/s），停止时干脆利落，上升下降角度为 45°匀速（1m/s）。

（3）难点：视觉差会影响整个路线的偏移，上升下降和平移组合时会造成航线呈阶梯状，需多加练习，总结不足之处并加以改善。

3. M 字带旋转

（1）方法：飞行器由 A 点开始机头向右

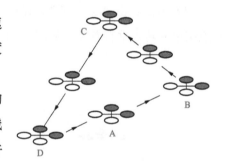

图 5-21 折线飞行垂直三角形
训练示意图

侧侧向悬停，垂直上升加自转一圈，在4m高度后于 B 点悬停，机头向右后向 C 点做下降自转一圈移动于 C 点停止后机头向右，向 D 点做上升加自转一圈移动，于 D 点停止后机头向右，向 E 点做垂直下降加自转一圈于 E 点结束，如图 5-22 所示。

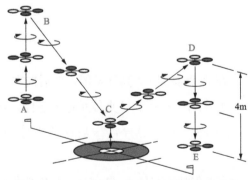

图 5-22 折线飞行 M 字带旋转训练示意图

（2）要求：飞行速度匀速（1m/s），定点旋转时姿态稳定，旋转角度正确，移动的位置准确。

（3）难点：此动作是垂直上升下降和垂直三角形这几个动作的组合，并混入了360°定点旋转，故难度较大，需要及时修正视角差和调整思维，达到眼手同步。

4. 菱形带自转

（1）方法：飞行器由 A 点机头向右悬停开始向 B 点做前进上升移动至 B 点转入悬停，做定点 180°旋转后，机头向左向 C 点做前进上升移动至 C 点后转入悬停，做定点 180°旋转后机头向右向 D 点做后退下降移动至 D 点后转入悬停，做定点悬停 180°后机头向左向 A 点做后退下降移动至 A 点后动作结束，如图 5－23 所示。

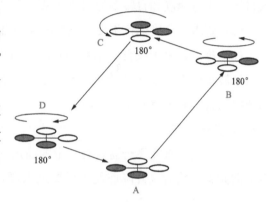

图 5－23 折线飞行菱形带自转训练示意图

（2）要求：飞行速度匀速（1m/s），定点旋转姿态稳定，旋转角度正确，移动位置准确。

（3）难点：此动作时在垂直三角形基础上混入 180°自转，难度较大，需要及时修正视角差，调整思维达到眼手同步，并且和 M 字动作一样，需要在飞行空域凭空想象出需要飞行的轨迹。

（四）曲线飞行

1. 机头向内盘旋一周

（1）方法：机头对向圆心 O 点，压副翼使飞行器横移，同时打方向舵使机头始终对向 O 点，控制升降舵保持合理的运动半径，绕 O 点旋绕一周回到起点，如图 5－24 所示。

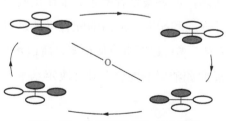

图 5－24 曲线飞行机头向内盘旋
一周训练示意图

（2）要求：飞行高度保持不变，飞行速度为匀速（1m/s）飞行器对 O 点距离保持不变，机头指向正确。

（3）难点：副翼使用可能会受风的影响不会是始终如一的舵量，需要根据现实情况做出及时调整，升降舵的使用要根据飞行速度来确定舵量的大小，除了控制副翼和升降舵外还需要保证机头始终指向 O 点，这时就需要合理地调整和分配思维，达到一心多用。

2. 圆形带自转

（1）方法：1m 高度悬停后，绕圆心 O 点做盘绕飞行，在盘绕飞行中同时加入自转，飞行速度和自转率为匀速（见图 5 - 25）。

（2）要求：高度保持不变，飞行速度和自转速度为匀速，圆形准确。

（3）难点：由于飞行器不断的自转，所以要求操纵者及时调整思维，准确及时地修正姿态，动作开始练习时很容易造成错舵、坠机或绕不出圆形，这就需要操纵者不骄不躁地持续练习。

3. 水平 8 字

（1）方法：首先飞行器要有一定的前进速度，过 A 点后压副翼使机头向转弯方向倾斜，然后拉升降舵使飞行器进入弯，同时控制方向舵使机头始终朝着前进方向（见图 5 - 26）。

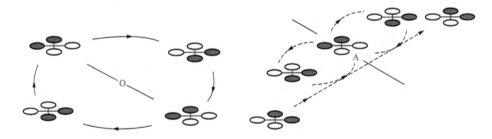

图 5 - 25　曲线飞行圆形带自转训练示意图　　图 5 - 26　曲线飞行水平 8 字训练示意图

（2）要求：飞行速度匀速，左右转弯半径相等，高度保持不变。

（3）难点：刚开始练习时可能存在一个方向的转弯比较顺手，另一个方向不太敢转，这样就会使飞行器进入侧滑状态，加重操纵者紧张而不能正确及时地反应，使动作失败。另外进入转弯时升降舵和副翼，油门的配合不熟练也会使飞行器转弯时进入爬行状态或者转弯完成，飞行速度也降低很多，所以水平 8 字需要各舵面和油门相配合完成的，各舵面和油门的配合合理性决定水平 8 字完成的准确度。

4. 螺旋上升

（1）方法：1m 高度悬停后，推杆让飞行器向左开始航线飞行过 A 点后压右副翼拉杆并加入右方向舵，使飞行器一边右转弯一边上升，转两圈后结束（见图 5 - 27）。

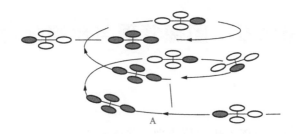

图 5 - 27　曲线飞行螺旋上升训练示意图

（2）要求：上升旋转的速率为匀速，上升轨迹垂直。

（3）难点：如果只操纵油门和方向舵的话，上升轨迹就不是很垂直，需要及时加入升降舵和副翼的修正，这就需要操纵者及时调整思维，做出及时准确的判断和修正。

5. 急停着陆

（1）方法：飞行器由 A 点开始，快速前进至 B 点时拉升降舵至机头仰起，控制飞行器快速停下悬停（见图 5 - 28）。

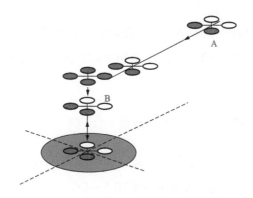

图 5 - 28　曲线飞行急停着陆训练示意图

（2）要求：飞行中途无缓慢减速，于 B 点停下时干脆果断，无升高现象。

（3）难点：急停时有拉升降舵动作，且幅度较大，故飞行器有升高的迹象，需及时减小油门，来控制住高度，所以油门和升降舵的配合至关重要。

第六章　图像管理与研判分析

图像管理与研判是无人机巡检管理工作的核心，主要工作包括图像分类和命名、缺陷照片分析处理和后期归总，出具缺陷分析报告和巡检质量的考核，规范化的图像管理和精细化的数据分析能有效提升管理水平，提高工作效率，降低电网安全运行风险，使无人机巡检标准化作业成为一种习惯。

第一节　图　像　管　理

一、分类存放

无人机在巡检过程中会采集大量的图像资料，存储于相机 SD 卡中，当日巡检任务完成后，应及时将图像导出至专用电脑，分级、分类管理，便于日后的图像对比和查找工作。

（一）指导手册推荐的分类管理规范

国家电网有限公司设备部发的《架空输电线路无人机巡检影像拍摄指导手册》，其中推荐的分类管理规范如下（见图 6-1）：

（1）第一层文件夹：××kV××线无人机巡视资料。

（2）第二层文件夹：♯××无人机巡视资料（如♯201 无人机巡视资料，"♯"在阿拉伯数字前）。

（3）第三层文件夹：××年无人机巡视资料。

（4）第四层文件夹：××月无人机巡视资料，当月缺陷照片。

（5）第五层文件夹：每基杆塔对应的无人机巡视资料。

此规范更适合无人机较多，一个工作人员配备一台无人机的单人单机工作

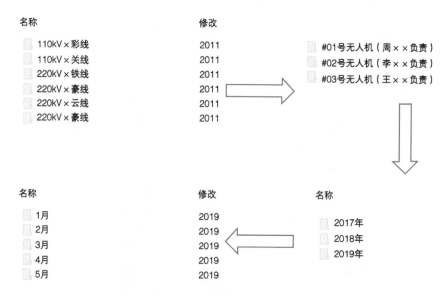

图 6-1 图像分类管理示意图

模式，且每台无人机有固定的巡检任务。鉴于国网大多数公司每台无人机巡检的线路、使用的工作人员都是根据实际情况决定，因此，这种方法不适用于当前的实际管理情况。

（二）实用分类管理规范

结合无人机巡检现状，现提供另一种图像分类方法，具体分类管理规范如下（见图 6-2）。

（1）第一层文件夹：××年第几轮无人机巡视。

（2）第二层文件夹：线路电压等级（如 500、220、110、35kV 等），三跨线路段，本轮巡视缺陷照片。

（3）第三层文件夹：线路名称。

（4）第四层文件夹：该段线路的管理单位（如运维一班管辖）。

（5）第五层文件夹：杆号。

（6）第六层文件夹：每基杆塔对应的无人机巡视资料。

这种分类管理方式更符合实际应用，便于快速查找到指定杆塔的巡检图像。

巡检图像全部归档后应进行备份，且至少保留两年，以备后期的图像对比和检查监督。

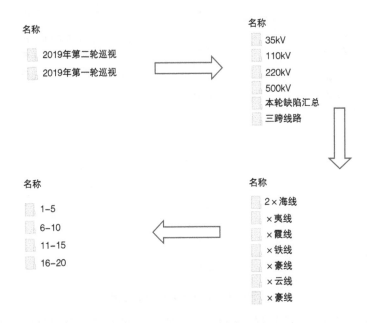

图 6-2　图像分类管理示意图

二、规范命名

从相机 SD 卡中导出的图像，其原始名称为数字编号，仅能反映出无人机拍摄的先后顺序，不便于管理和查找，分类储存后需要将图像重命名，命名规范为："电压等级＋线路名称＋杆号＋拍摄的具体部位简称"，如图 6-3 所示。范例：220kV×云线 12 号上小挂（上相小号侧横担端挂点）。

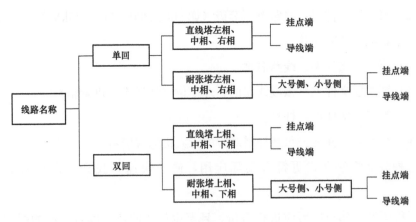

图 6-3　各杆塔图像命名示意图

图像重命名前后的对比情况如图 6-4 所示。

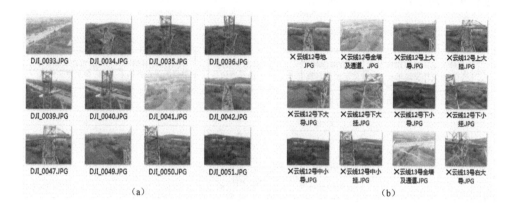

（a） （b）

图 6-4 图像命名前后的对比情况

（a）命名前；（b）命名后

三、 图像自命名系统

无人机巡检已成为输电线路巡检的重要方式，基本解决了人工巡检作业时间长、效率低下的问题，但是无人机巡检会产生大量的图像资料，图像的分类和重命名都由人工手动完成，不仅劳动强度大，处理效率低下，而且随着无人机图像采集数量的增多，需要的人员和时间增加，错误率也随之增加。如果图像命名出现错误，将会为后续的台账整合、缺陷处理带来巨大的影响。为解决"命名难"的问题，国家电网公司积极研发相关软件，现已研制出多款操作便捷、处理高效的图像自动命名软件，投入试用并不断改进。

（一）两款原理不同的使用较为普遍的图像自动命名软件

本书将介绍两款原理不同的使用较为普遍的图像自动命名软件。

1. 根据不同塔型的固定拍摄顺序自动命名

提前录入各种杆塔类型的拍摄顺序和命名规则，将拍摄照片从 SD 卡导入电脑时，把各基杆塔的照片分文件夹单独存放。使用时只需在命名软件界面导入某一基杆塔的文件夹，输入线路名称、杆号，并选择杆塔类型，如果在实际巡视过程中，拍摄顺序和既定顺序不完全相符，可通过"向上"或"向下"按钮，对文件夹内照片的顺序进行微调，软件根据提前录入的命名规则，自动对照片进行批量命名，如图6-5所示。

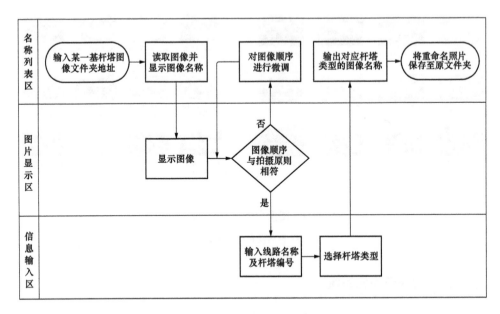

图6-5 软件命名流程

这种原理的自动命名软件，只需输入一次线路名称、杆号，即可对该基塔所有照片批量命名，操作简单，命名效率极高，能有效降低工作人员劳动强度，软件命名界面如图6-6所示。但是也有一定的局限性，不够灵活，当实际拍摄部位的照片张数和原定规则不同时（如多拍或少拍某相绝缘子导线端），软件将无法正确命名。

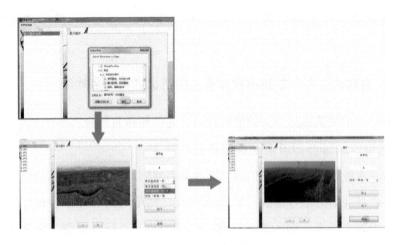

图6-6 软件命名界面

2. 提前录入命名所有可能选项，用选项代替手动命

软件通过模板设置进行常用基础信息录入，模板设置里面包含了线路一览表、杆塔明细表、班组职员、缺陷主类别、电压等级、缺陷二级类别等模板，初次使用可以对模板按自身需求进行修改填写，如图 6-7 所示。模板填写除了可以手动加入，还支持 Excel 表格复制粘贴填写。

模板设置
保存 删除

	项目主类别	项目二级类别	项目三级类别
1	导线与地线	导线	导线断线、掉线
2	导线与地线	导线	导线粘连、扭绞、鞭击
3	导线与地线	导线	导线损伤
4	导线与地线	导线	导线腐蚀、锈蚀
5	导线与地线	导线	导线电弧烧伤
6	导线与地线	导线	导线弛度偏差
7	导线与地线	导线	导线温升异常
8	导线与地线	导线	导线有异物
9	导线与地线	导线	导线其他异常现象
10	导线与地线	地线	地线断线、掉线
11	导线与地线	地线	地线损伤
12	导线与地线	地线	地线腐蚀、锈蚀
13	导线与地线	地线	地线电弧烧伤
14	导线与地线	地线	地线弛度偏差
15	导线与地线	地线	地线温升异常

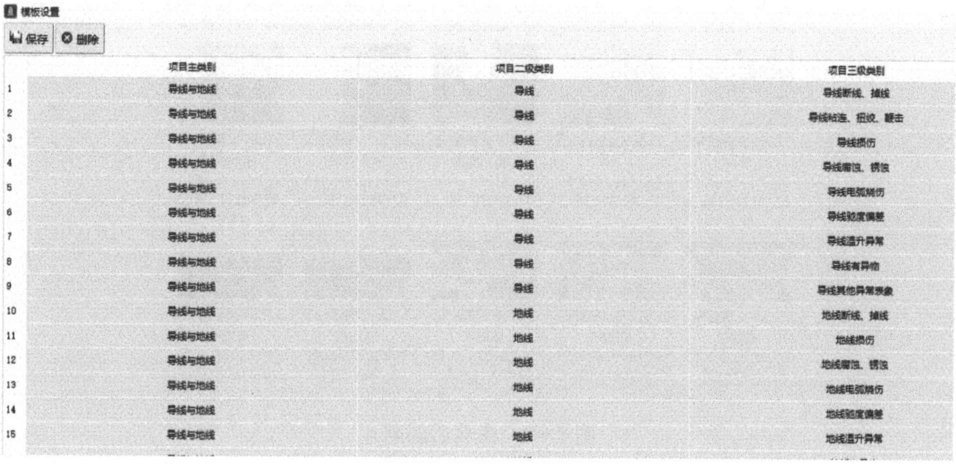

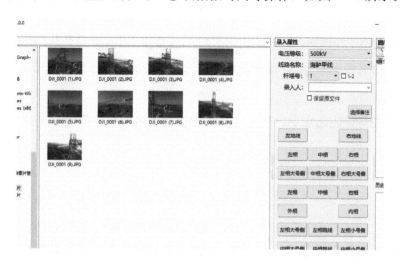

图 6-7 模板设置

打开软件，加载需要重命名的照片。在此可以对照片进行基本信息录入，选取调拍摄位置，调整照片大小，修改拍摄时间等操作，如图 6-8 所示。

图 6-8 软件界面

这种原理的自动命名软件，需要前期录入基本信息，使用时将原本每张照

片的的手打变为选择，操作简单高效；不用考虑实际拍摄顺序和张数，灵活性高，所有照片均可完成命名。但是不够智能，依旧需要一张一张照片处理，不能批量命名，命名后的照片如图6-9所示。

图6-9　命名后的照片

（二）效益

面对大量重复的机械性工作，输电线路无人机图像命名软件操作便捷、效果显著：

（1）提高工作效率，将单张图像命名时间由原来的15s降到了3s，降低了80%。

（2）命名错误率为0，避免图像命名错误而造成的误停正常线路，确保电网安全稳定运行。

（3）提高智能化水平，使无人机巡检更趋于自动化，降低了工作人员劳动强度。

第二节　图　像　研　判

图像研判要在规定时间内完成，不同的数据分析人员进行数据交叉检查保证缺陷判定无遗漏、无错误，以确保整个线路的安全有效运行。

时限要求：常规巡检为3个工作日；特殊巡检为1个工作日。

在发现可疑缺陷但无法明确判断时，应组织人员去现场进行查看并根据实际情况进行判定。

一、缺陷分类

无人机主要对输电线路本体、附属设施及通道环境进行航拍检查，在图像研判时，可发现杆塔类、导地线类、绝缘子类、金具类、通道类及附属设施类缺陷。

（一）杆塔类

杆塔的常见缺陷主要包括杆塔倒杆、断杆，塔身倾斜；主材弯曲，爬梯变形，塔材严重锈蚀、损伤，悬挂有异物，电弧烧伤；杆塔横担扭曲、歪斜；塔基损坏、下沉或上拔，边坡保护不够，地基回填土缺土、水淹、堆积杂物等。

DL/T 741—2010《架空输电线路运行规程》有明确规定如下。

（1）杆塔的倾斜、杆（塔）顶挠度、横担的歪斜程度不应超过表 6-1 的规定。

表 6-1　　杆塔的倾斜、杆（塔）顶挠度、横担的歪斜程度最大允许值

类　别	钢筋混凝土电杆	钢管杆	角钢塔	钢管塔
直线杆塔倾斜度（包括挠度）	1.5%	0.5%（倾斜度）	0.5%（50m 及以上高度的铁塔）1.0%（50m 以下高度的铁塔）	0.5%
直线转角杆最大挠度		0.7%		
转角和终端杆 66kV 及以下最大挠度		1.5%		
转角和终端杆 110～220kV 最大挠度		2%		
杆塔横担歪斜度	1.0%		1.0%	0.5%

（2）铁塔主材相邻结点间弯曲度不应超过 0.2%。

（3）钢筋混凝土杆保护层不应腐蚀脱落、钢筋外露，普通钢筋混凝土杆不应有纵向裂纹和横向裂纹，缝隙宽度不应超过 0.2mm，预应力钢筋混凝土杆不应有裂纹。

（4）拉线拉棒锈蚀后直径减少值不应超过 2mm。

（5）拉线基础埋层厚度、宽度不应减少。

（6）拉线镀锌钢绞线不应断股，镀锌层不应锈蚀、脱落。

（7）拉线张力应均匀，不应严重松弛。

缺陷具体情况如图 6-10 所示。

图 6-10 杆塔类缺陷具体情况（一）

（a）门型水泥杆倾斜；（b）钢筋混凝土杆断杆；（c）铁塔地线横担损坏；

（d）钢管塔爬梯连接板变形；（e）塔身缺少辅材；（f）塔身锈蚀

图 6 - 10　杆塔类缺陷具体情况（二）

（g）塔身缠绕横幅；（h）杆身缠绕藤蔓；（i）基础水土流失；（j）边坡保护距离不足

（二）导、地线类

导、地线的常见缺陷主要包括导、地线断线、掉线；悬挂异物；腐蚀、锈蚀；严重损伤（断股、松股、磨损）。

DL/T 741—2010《架空输电线路运行规程》有明确规定如下：

（1）导、地线不应出现腐蚀、外层脱落或疲劳状态，强度试验值不应小于原破坏值的 80%。

（2）导、地线弧垂不应超过设计允许偏差：110kV 及以下线路为＋6.0%、－2.5%；220kV 及以上为＋3.0%、－2.5%。

（3）导线相间相对弧垂值最大值：110kV 及以下线路为 200mm；220kV 及以上为 300mm。

（4）相分裂导线同相子导线相对弧垂值不应超过以下值：垂直排列双分裂导线 100mm，其他排列形式分裂导线 220kV 为 80mm，330kV 及以上线路 50mm。

（5）OPGW 接地引线不应松动或对地放电。

缺陷具体情况如图 6-11 所示。

图 6-11 导、地线类缺陷具体情况

（a）导线断股；（b）导线腐蚀；（c）跳线闪络烧伤；（d）导线弛度偏差；

（e）导线悬挂异物；（f）地线接触均压环

（三）绝缘子类

绝缘子的常见缺陷主要包括伞裙破损、严重污秽、被电弧严重灼伤；绝缘子串倾斜（顺线路方向倾斜大于 7.5°）、掉串、脱开，悬挂异物；玻璃绝缘子自爆。

DL/T 741—2010《架空输电线路运行规程》有明确规定如下：

（1）瓷质绝缘子伞裙不应破损，瓷质不应有裂纹，瓷釉不应烧坏。

（2）玻璃绝缘子不应自爆或表面有裂纹。

（3）棒形及盘形复合绝缘子伞裙、护套不应出现破损或龟裂，端头密封不应开裂、老化。

（4）钢帽、绝缘件、钢脚应在同一轴线上，钢脚、钢帽、浇装水泥不应有裂纹、歪斜、变形或严重锈蚀、钢脚与钢帽槽口间隙不应超标。

（5）盘形绝缘子绝缘电阻 330kV 及以下线路不应小于 300MΩ，500kV 及以上线路不应小于 500MΩ。

（6）盘形绝缘子分布电压不应为零或低值。

（7）锁紧销不应脱落变形。

（8）绝缘横担不应有严重结垢、裂纹，不应出现瓷釉烧坏、瓷质损坏、伞裙破损。

（9）直线杆塔绝缘子串顺线路方向偏斜角（除设计要求的预偏外）不应大于 7.5°，或偏移值不应大于 300mm，绝缘横担端部偏移不应大于 100mm。

（10）地线绝缘子、地线间隙不应出现非雷击放电或烧伤。

缺陷具体情况如图 6-12 所示。

 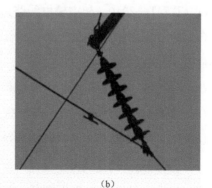

(a)　　　　　　　　　　　　　(b)

图 6-12　绝缘子类缺陷具体情况（一）

(a) 伞裙破损；(b) 绝缘子倾斜

图 6-12 绝缘子类缺陷具体情况（二）

（c）绝缘子烧伤；（d）伞裙粉化；（e）绝缘子倾斜；（f）憎水性下降

（四）金具类

金具的常见缺陷主要包括金具损伤，电弧烧伤，腐蚀、锈蚀；间隔棒、防振锤、均压环移位、脱落；线夹断裂、裂纹、严重磨损；螺栓松动，销钉脱落。

DL/T 741—2010《架空输电线路运行规程》有明确规定如下：

（1）金具本体不应出现变形、锈蚀、烧伤、裂纹，连接处转动应灵活，强度不应低于原值的 80%。

（2）防振锤、防振阻尼线、间隔棒等金具不应发生位移、变形、疲劳。

（3）屏蔽环、均压环不应出现松动、变形，均压环不得反装。

（4）OPGW 余缆固定金具不应脱落，接续盒不应松动、漏水。

（5）OPGW 预绞丝线夹不应出现疲劳断脱或滑移。

（6）接续金具不应出现下列任一情况：①外观鼓包、裂纹、烧伤、滑移或出口处断股，弯曲度不符合有关规程要求；②温度高于相邻导线温度 10℃，跳线联板温度高于相邻导线温度10℃；③过热变色或连接螺栓松动；④金具内部严重烧伤、断股或压接不实（有抽头或位移）；⑤并沟线夹、跳线引流板螺栓扭矩值未达到相应规格螺栓拧紧力矩见表6-2。

表6-2 螺栓型金具钢质热镀锌螺栓拧紧力矩值

螺栓直径（mm）	8	10	12	14	16	18	20
拧紧力矩（N·m）	9～11	18～23	32～40	50	80～100	115～140	105

设备巡视检查的内容可参照表6-3执行。

表6-3 架空输电线路巡视检查主要内容

巡视对象		检查线路本体和附属设施有无以下缺陷、变化或情况
线路本体	线路金具	线夹断裂、裂纹、磨损、销钉脱落或严重锈蚀；均压环、屏蔽环烧伤、螺栓松动；防振锤跑位、脱落、严重锈蚀、阻尼线变形、烧伤；间隔棒松脱、变形或离位；各种连板、连接环、调整板损伤、裂纹等

缺陷具体情况如图6-13所示。

（a）　　　　　　　　　　　（b）

（c）　　　　　　　　　　　（d）

图6-13 金具类缺陷具体情况（一）

（a）缺少均压环；（b）开口销外退；（c）均压环松脱；（d）耐张线夹铝管弯曲

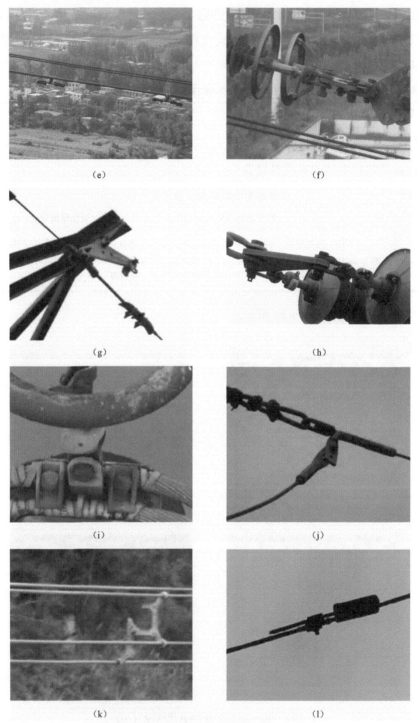

图 6-13　金具类缺陷具体情况（二）

（e）防震锤滑跑；（f）缺少开口销、螺栓外退；（g）悬垂线夹脱落；（h）三角连板缺少开口销；（i）跳线
悬垂线夹烧伤；（j）引流板缺螺栓；（k）四分裂导线间隔棒断裂；（l）防振锤一端锤头缺失

（五）通道类

通道的常见缺陷主要包括树木与导线安全距离不足、对交叉跨越物距离不够；通道内有机械施工、建筑物、堆放物品；线路环境发生变化（通道附近有不牢固覆膜、遮阳网、防尘网、商家拉广告条幅气球）。

DL/T 741—2010《架空输电线路运行规程》有明确规定如下：

架空输电线路保护区内不得有建筑物、厂矿、树木（高跨设计除外）及其他生产活动。一般地区各级电压导线的边线保护区范围见表 6-4。

表 6-4　　　　　一般地区各级电压导线的边线保护区范围

电压等级（kV）	边线外距离（m）
66～110	10
220～330	15
500	20
750	25

在厂矿、城镇等人口密集地区，架空输电线路保护区的区域可略小于上述规定。但各级电压导线边线延伸的距离，不应小于导线在最大计算弧垂及最大计算风偏后的水平距离和风偏后距建筑物的安全距离之和。

缺陷具体情况如图 6-14 所示。

（a）　　　　　　　　　　　　（b）

图 6-14　通道类缺陷具体情况（一）

（a）树木与导线安全距离不足；（b）线下建有垃圾回收场

图 6-14　通道类缺陷具体情况（二）

（c）线下有吊车施工；（d）线路保护区内有农田不牢固覆膜；（e）线路保护区内有气球；

（f）线路保护区内有遮阳网

（六）附属设施类

附属设施的常见缺陷主要包括标识牌、相位牌缺失、变形、褪色、字迹不清、严重锈蚀、安装错误；防鸟害设施缺失、损坏、失效、锈蚀。

GB 50233—2005《110～500kV 架空送电线路施工及验收规范》规定如下：工程移交时，杆塔上应有下列固定标志：

（1）线路名称或代号及杆塔号；

（2）耐张型、换位型杆塔及换位杆塔前后相邻的各一基杆塔的相位标志；

（3）高塔按设计规定装设的航行障碍标志；

（4）多回路杆塔上的每回路位置及线路名称。

缺陷具体情况如图 6-15 所示。

DL/T 741—2010《架空输电线路运行规程》规定见表 6-5。

图 6-15　通道类缺陷具体情况

（a）杆号牌破损；（b）杆号牌褪色；（c）杆号牌缺失；（d）防高空坠落固定杆锈蚀；

（e）驱鸟器缠有异物；（f）相序牌挂反

表 6-5　　　　　　　　架空输电线路巡视检查主要内容表

巡视对象	缺陷、变化、情况
防鸟装置	固定式：破损、变形、螺栓松脱等； 活动式：动作失灵、褪色、破损等； 电子、光波、声响式：供电装置失效或功能失效、破损等

巡视对象	缺陷、变化、情况
各种监测装置	缺失、损坏、功能失效等
杆号、警告、防护、指示、相位等标识	缺失、损坏、字迹或颜色不清、严重锈蚀等
航空警示器材	高塔警示灯、跨江线彩球等缺失、损坏、失灵
防雾防冰装置	缺失、损坏等
ADSS 光缆	损坏、断裂、弛度变化等

二、 图像分析

架空输电线路巡检部位及对应巡检内容见表 6-6，具体内容主要有：

全塔及通道：塔身倾斜，主材变形、明显的断线、掉线、掉串、悬挂异物，判断通道内建（构）筑物、鱼塘、水库、农田、树竹生长、施工作业情况；周边及跨越的电力及通信线路、道路、铁路、索道、管道情况；地质情况。

杆号牌：杆（塔）号牌缺失、损坏、字迹或颜色不清、严重锈蚀。

地线：地线从线夹抽出（导线滑移），线夹断裂、裂纹、磨损；螺栓及螺帽松动、缺失；连接板、连接环、调整板损伤、裂纹；销钉脱落或严重锈蚀、连接点塔材变形等。

绝缘子：伞裙破损、严重污秽、放电痕迹；弹簧销缺损；钢帽裂纹、断裂，钢脚严重锈蚀或破损；绝缘子串顺线路方向倾斜角过大；绝缘子自爆。

绝缘子串杆塔端挂点：螺栓及螺帽松动、缺失；连接板、连接环、调整板损伤、裂纹；销钉脱落或严重锈蚀；挂点塔材变形；绝缘子弹簧销缺失，钢帽裂纹、断裂，钢脚严重锈蚀或破损。

绝缘子串导线端挂点：能反应导线从线夹抽出（导线滑移），线夹断裂、裂纹、磨损；螺栓及螺帽松动、缺失；连接板、连接环、调整板损伤、裂纹；销钉脱落或严重锈蚀；均压环、屏蔽换脱落、断裂、烧伤；绝缘子弹簧销缺失，钢帽裂纹、断裂，钢脚严重锈蚀或破损；防振锤跑位、脱落、严重锈蚀、阻尼线变形、烧伤。

表 6-6　　　　　　　架空输电线路巡检部位及内容

序号	巡检部位	巡 检 内 容
1	杆塔号牌	杆塔号牌全貌
2	杆塔基面及塔腿	各塔腿；基面及塔腿全貌

序号	巡检部位	巡 检 内 容
3	塔头	塔头全貌
4	塔身	塔身全貌
5	全塔	杆塔全貌
6	各绝缘子串导线端连接点	连接点所有螺栓及金具、均压环
7	各绝缘子串塔身挂点	挂点所在塔材；挂点所有螺栓及金具
8	地线或光纤金具串	地线或光纤金具串以及与塔身连接点所包含的所有金具、螺栓
9	各绝缘子整串	绝缘子串导线端连接点至塔身挂点整体
10	防震锤	每一根导地线的防震锤及与导地线连接点的金具、螺栓
11	各引流线	每根引流线的金具及螺栓
12	附属设施	每只与导地线连接的避雷器等附属设施及与塔身、导地线连接点
13	线路通道	从本杆塔最下层导线高度顺线路方向，分别拍摄大、小号侧线路通道全貌

三、缺陷分级

设备缺陷按严重程度可分为危急缺陷、严重缺陷和一般缺陷三大类。

（1）危急缺陷。危急缺陷，指缺陷已危及线路安全运行，随时可能导致线路事故的发生。此类缺陷必须尽快消除，或临时采取确保安全的技术措施进行处理，随后消除。

通常要求在 24 小时内采取措施进行消除。

（2）严重缺陷。严重缺陷，指缺陷对线路运行有严重威胁，短期内线路尚可维持运行。此类缺陷应在短时间内消除，消除前须加强监视。

通常要求在一周之内消除，一般不得超过一个月；对于确因系统停电等客观原因，不能及时处理的，应采取临时安全技术措施，加强监视，但该缺陷处理最长不得超过一年。

（3）一般缺陷。一般缺陷，指线路虽有缺陷，但在一定期间对线路安全运行影响不大。此类缺陷应列入年、季检修计划中加以消除。

通常要求在一个检修周期之内进行消缺。

四、 新技术——图像自动识别处理技术

本节主要介绍图像自动识别处理技术的现状、效益、发展趋势。

(一) 图像识别技术

图像识别技术（输电线路部件识别与缺陷诊断技术）为缺陷判别提供了智能化的决策依据。

无人机对输电线进行巡检时通常会受到拍摄环境的干扰，使得采集到的图像出现不利于后续输电线识别的问题，如图像畸变、失真、噪声干扰、模糊等退化问题和不同图像对比度不均等问题。

航拍图像还会受到因无人机自身原因产生的噪声、畸变和运动模糊等影响。这些都会导致无人机所拍摄的输电线图像出现畸变、失真、噪声干扰、模糊等退化问题和不同图像明暗不均等问题。以上在航拍图像中出现的问题会使得利用图像识别输电线以及检测故障变得十分困难甚至无法实现。

(二) 电力巡线图像处理

电力巡线图像处理包括图像预处理、图像检测和模式识别，涉及了多种前沿学科和技术。我们相信随着我国无人机自动巡线的发展，图像处理必然成为国内外电力巡线的研究热点，在其中发挥不可替代的作用。

对于海量的航拍图像，利用人工对每幅图像进行观察和判读导致工作效率较低。为了及时发现绝缘子等设施的缺陷或者故障，利用图像处理技术实现航拍图像中绝缘子串的自动定位。

高压输电线路故障将导致大面积电网断电，这可能导致道路交通拥堵，铁路停电，商业机构和政府部门瘫痪等重大后果。因此，为了确保电力系统安全可靠，及时发现异常现象和潜在故障，日常电力检查具有重要意义。无人机电力巡检已逐渐成为我国线路检测的重要途径，图像处理已成为自动电力线检测发展的方向。图像处理技术将应用于无人机动力检测线的各个环节，大力推动中国无人机电力巡检的发展，保护中国电力系统的正常运行。

第三节　缺陷图像处理

一、缺陷处理

(一) 图像类型

对批量输电线路巡检作业过程中，无人机、直升机等巡检设备拍摄的巡检图像（jpg格式），进行分类存放及命名。

对于巡检视频文件，需截取关键帧另存为jpg格式图片文件，进行分类存放及命名。

(二) 图元标注

标注内容为开展输电线路巡检作业过程中，无人机、直升机等智能巡检设备拍摄的巡检图像及视频截图中的所有目标设备，精确到设备部位，每张图像只能标注一种缺陷。

对缺陷设备部位，根据缺陷等级分别采用红色颜色标记危急缺陷、橙色标记严重缺陷、黄色标记一般缺陷，宽度为B（约1.2mm）（见表6-7）。

表6-7　　　　　　　　　　标　注　说　明

名　称	标注颜色	颜色说明
危急缺陷		红色（R=255、G=0、B=0）
严重缺陷		橙色（R=255、G=165、B=0）
一般缺陷		黄色（R=255、G=255、B=0）

将标注后的缺陷照片单独建立文件夹存放，并且重命名，格式为：电压等级，线路名称，杆号，具体部位，缺陷简述。

二、缺陷汇总报告模板

按照缺陷汇总报告模板（见表6-8），及时上报，存档上报进度；消缺后再次存档进度形成闭环处理。其中，需要狠抓上报数据的及时性、准确性、完整性。

一是采取逐级审查的模式，班组长审查完交给运维检修部专责审查，专责审查完交给分管领导审查，每级把住每级数据填报质量关。

二是加大考核力度，对飞行数据报送质量、布置工作落实不到位，执行力不强的严格按公司考核细则实施考核。巡检数据要进行最后的备份、归档操作，而且档案至少保留 2 年，以备后期的检查监督。

三是应将巡检中发现的缺陷及时移交属地管理单位检修处理，经工作负责人签字确认后，由检修人员负责进一步筛查以及组织检修作业。

表 6-8　　　　　　　　缺 陷 汇 总 报 告 模 板

照片编号	220kV 2×龙线 09 号	缺陷位置	下相小号侧双联碗头
缺陷描述	缺少开口销螺帽外退	缺陷性质	危急缺陷
巡检日期	××××年××月××日	巡检人员	×××
处理情况	已处理 ✓	闭环验收	已验收
缺陷图片			

照片编号	220kV 2×龙线 08 号	缺陷位置	中相绝缘子挂点
缺陷描述	绝缘子缺均压环	缺陷性质	严重缺陷
巡检日期	××××年××月××日	巡检人员	×××
处理情况	已处理	闭环验收	已验收
缺陷图片			

照片编号	220kV 1×飞线 30 号	缺陷位置	下相绝缘子挂点
缺陷描述	均压环松脱	缺陷性质	一般缺陷
巡检日期	××××年××月××日	巡检人员	×××
处理情况	已处理 ✓	闭环验收	已验收
缺陷图片			

第七章 新技术应用

第一节 红外检测

一、红外技术基础原理及应用简介

（一）红外基础知识简介

红外是红外线的简称，它是一种电磁波，波长范围为 760nm～1mm，具有与无线电波及可见光一样的本质。红外在电磁波连续频谱中处于无线电波与可见光之间的区域，按波长的范围可分为近红外、中红外、远红外、极远红外四类，不为人眼所见。

红外线辐射是自然界存在的一种最为广泛的电磁波辐射，一切温度在绝对零度（－273.15℃）以上的物体，都会因自身的分子运动而不停地向周围空间辐射出红外线，物体的红外辐射能量的大小及波长分布与它的表面温度有着十分密切的关系。

（二）红外技术应用产品简介

自从 1800 年英国天文学家 F. W. 赫歇尔发现红外辐射至今，红外技术的发展经历了两个世纪。红外应用产品种类繁多，本节仅选择红外热像、红外摄像、红外通信、红外光谱仪、红外传感器等几个比较大的领域做简要介绍。

1. 红外热像仪

红外热像仪是一种利用红外热成像技术，通过对标的物的红外辐射探测，并加以信号处理、光电转换等手段，将标的物的温度分布的图像转换成可视图像的设备。红外热像仪将实际探测到的热量进行精确的量化，以面的形式实时成像标的物的整体，因此能够准确识别正在发热的疑似故障区域。操作人员通过屏幕上显示的图像色彩和热点追踪显示功能来初步判断发热情况和故障部位，同时严格分析，从而在确认问题上体现了高效率、高准确率。

2. 红外摄像机

红外摄像机在监控摄像机中具有夜视距离远、隐蔽性强、性能稳定等突出优势，因而在夜视监控中占据了大部分的市场。

在安防电视监控系统中，随着人们安全防范意识的提高、对重要场所 24 小时连续监控电视监控的需要和红外成像技术的成熟，红外一体化摄像机的使用率越来越高，已逐渐发展成为一种趋势，不仅在银行、金库、博物馆、档案馆、图书文献库、监狱等重要部门应用，也在居民小区等一般电视监控工程中得到使用。

3. 红外通信

红外通信技术利用红外线来传递数据，是无线通信信技术的一种。红外通信技术不需要实体连线，简单易用且实现成本较低，因而广泛应用于小型移动设备互换数据和电器设备的控制中，例如笔记本电脑、PDA、移动电话之间或与电脑之间进行数据交换，电视机、空调器的遥控等。

由于红外线的直射特性，红外通信技术不适合传输障碍较多的地方，这种场合下一般优先选用 RF 无线通信技术或蓝牙技术。红外通信技术多数情况下传输距离短、传输速率不高。

4. 红外光谱仪

红外光谱仪是利用物质对不同波长的红外辐射的吸收特性，进行分子结构和化学组成分析的仪器。红外光谱仪通常由光源、单色器、探测器和计算机处理信息系统组成。根据分光装置的不同，分为色散型和干涉型。对色散型双光路光学零位平衡红外分光光度计而言，当样品吸收了一定频率的红外辐射后，分子的振动能级发生跃迁，透过的光束中相应频率的光被减弱，造成参比光路与样品光路相应辐射的强度差，从而得到所测样品的红外光谱。

5. 红外传感器

红外传感器是一种能够感应目标辐射的红外线，利用红外线的物理性质来进行测量的传感器。按探测机理可分为光子探测器和热探测器。红外传感技术已经在现代科技、国防和工农业等领域获得了广泛的应用。

二、 无人机载红外热像仪在电力巡检中的应用

在现代电力系统运行中，对系统的供电可靠性要求较高，希望电力设备在正常运维中尽可能地保证不断电。无人机巡检相比传统巡检方式具有明显优点：受环境地形影响不大、支持多元成像技术应用、图像精度达标、不会造成人身伤亡等特点。对于绝大多数电气设备都可以进行正常拍摄。同时，红外技术也因其突出特点得到了电力行业的重视：无接触、远距离、实时性、快速、准确，优势在于通常电气设备出现缺陷后会出现发热现象，可在电网运行中不解体、不停电、不取样的状态下检测设备故障从而发出预警。随着红外技术和无人机技术在国内外电力行业中得到越来越广泛的应用，携带红外热像仪的无人机也应运而生。

(一) 无人机携带红外热像仪基本构成元件

无人机携带的红外热像仪由以下几大基本元件构成：

（1）红外镜头。红外镜头用于帮助红外热像仪进行接收及汇聚被测物体所发射出来的红外辐射能量。

（2）红外探测器组件。红外探测器组件是整个设备中较为关键的结构，它可以将热辐射型号转变成电信号，以传递给使用者或用户。

（3）电子组件。电子组件主要是对电信号进行相关的特殊处理。

（4）显示组件。显示组件进一步将电信号处理之后，将其转换为可见光图像，以便使用者可以更好地看到相关数据图像。

（5）系统软件。系统软件是热像仪中不可缺失的一部分，将在操作过程当中采集到的温度数据转换为用户所需的温度读数以及图像。

在实际工作中，除了被测目标产生红外辐射能量之外，所处的环境的复杂，也会有很多红外辐射能产生，例如树木、房屋、空气甚至仪器本身也存在辐射。这些干扰会带来不同程度的影响，为了排除这些干扰因素，提高红外图像判断故障的准确性，消除背景带来的红外干扰信息就显得十分重要。

(二) 在航拍状态下的主要影响因素

携带红外热像仪的无人机在航拍状态下主要受到的影响因素有以下几种。

（1）设备发射率。目标的材质，表面的金属电阻率对红外辐射的反射，吸收和穿透都有影响。存在公式

$$\alpha + \rho + \tau = 1$$

其中：α 为吸收率，ρ 为反射率，τ 为穿透率。公式表明，任何物体都会吸收、反射和穿透能量，彼此间达到一种热量平衡状态。因此，在对目标进行红外检测之前，我们一定要了解目标的基础发射率，如果目标的发射率越高，则红外仪器所检测到的热辐射能量自然也越高，反之，则越低。对于相同设备，因为其材料的老化，磨损或污秽，都会对物体本身的发射率造成影响。应按实际情况实际分析，没有统一标准。

（2）气象条件。在极端不良的天气情况下，例如：暴雨、冰雹、大风、风雪等天气，由于天气影响，被测物体的表面温度可能过低，物体的表面散热增大，而红外辐射能量的多少又与被测目标的表面温度关系密切，因此容易影响最终结果，所以，在水分较大的时候，尽量不要进行红外检测，避免干扰过多准确性下降。

（3）检测距离。红外成像仪的视角镜头固定的情况下，检测距离的大小对精度和图像显示的细节都有影响。在满足仪器本身的距离系数的情况上，同时也必须满足对带电设备检测时的安全距离。

（4）太阳光辐射。红外成像仪是通过将红外辐射能转变成电信号，进而得出所需的红外图像信息的，因此，对于太阳光的辐射能有一定要求，如果选在中午太阳光线最强的时候进行测试，会对红外成像仪产生一定的影响，为了试验的准确性，一般选择太阳光辐射能较弱的时候进行检测。如：早晨、傍晚或阴天进行。

对于同一个检测物体，图片质量不一定是相同的，因此检测人员的主观性会对图片的获取起到不同程度的影响。检测人员对红外成像技术必须要有一定的了解，学习以上各种因素对红外成像质量的影响，以拍摄出高质量的红外影像。

三、 无人机载红外热像仪的具体操作注意事项

在操作者对无人机载红外热像仪的具体操作过程中，为了得到更好的检测效果，根据理论及经验总结，主要有以下几项注意事项。

（1）不同型号的热像仪检测设备具有不同的测温范围，用户在选购前必须要了解日常工作需求，挑选合适型号的装置。

（2）每个检测设备出厂时都配置了使用说明书，用户在操作前必须熟读说明书，准确掌握不同热源的基本检测方法，并且了解整个设备的基本结构、操作步骤等。

（3）红外热像仪在使用前，必须开启 5min 之后才能进行测温，否则可能得到偏差较大的检测数据。

（4）若发现红外图像模糊不清楚，可以按一下自动对焦的按钮，这样可帮助用户自动调整图像的清晰度。

（5）不同的物体散发出来的能量以及温度是不同的，因此在进行检测时应当注意环境因素、检测距离及物体表面粗糙度等。

（6）在雨天尽可能不在室外使用红外热像仪设备，如必须使用时，应注意防水问题。

（7）不能在低于－20℃的情况下使用红外热像仪，否则不仅会出现结果不精准的现象，还可能对设备造成一定的损坏。

（8）尽可能在日落后或室内使用，因为太阳光会对检测结果带来直接的影响。

（9）若室内环境温度过高，可以通过采取冷水降温等措施使室内温度达到平衡调节的效果。

（10）针对探测器以及镜头等，是需要定期进行清洁的，在每次作业完毕之后，都需要用柔软干净的布料擦拭，并且需要注重力度问题，避免出现划伤镜头的情况。

（11）用户需根据检测设备的使用情况，制定一个完善有效的维护保养方案，定期进行基础清洁以及维护保养等。同时对设备各元件采取有效检查，若发现元件存在损坏，必须及时进行更换。

第二节 紫 外 检 测

一、紫外检测的原理及特点

输供电线路和变电站配电等相关设备都是在大气环境下工作，在某些情况下随着绝缘性能的降低，可能出现结构缺陷或表面局部放电现象。当带电体的局部电压应力超过临界值时，会使空气电离而产生电晕放电现象。电离过程中，空气中的电子不断获得和释放能量。当电子释放能量即放电时，会辐射出光波和声波，还有臭氧、紫外线、微量的硝酸等。紫外成像技术，就是利用特殊的仪器接收放电产生的紫外线信号，经处理后成像并与可见光图像叠加，达到确定电晕的位置和强度的目的，从而为进一步评价设备的运行情况提供依据。

紫外线的波长范围是 $40\sim400nm$，太阳光中也含紫外线，但由于地球的臭氧层吸收了部分波长的紫外线，实际上辐射到地面上的太阳紫外线波长大都为 300nm 以上，低于 300nm 的波长区间被称为太阳盲区。空气的主要成分是氮气，而氮气电离时产生紫外线的光谱大部分处于波长 $280\sim400nm$ 的区域内，只有一小部分波长小于 280nm。小于 280nm 的紫外线处于太阳盲区内，若能探测到，只可能是来自地球上的辐射。紫外成像仪的原理就是利用这一段太阳盲区，通过安装特殊的滤镜，使仪器工作在紫外波长 $240\sim280nm$，从而在白天也能观测电晕。

紫外检测技术有以下特点：

（1）紫外检测时，可以做到不停电、不改变系统的运行状态，从而检测设备在运行状态下的真实状态信息。

（2）以图像的形式，快速、形象、直观地显示出设备的运行状态和故障情况。

（3）由于紫外检测的响应速度快，在被测设备与监控仪器作高速相对运动时，仍能完成检测任务，为直升机故障巡检提供了可行性，不仅大大提高了检测效率，而且降低了劳动强度。

（4）紫外成像技术有利于实现电力设备的状态管理和向状态维修方式的过渡。当把所有设备在运行中的紫外电晕成像信息建立成数据库后，设备管理人员可对管辖的所有设备的运行状态实施管理，并根据每台设备的状态演变情况进行有目的地维修。

（5）与目前普遍采用的红外热像等技术相比，紫外成像技术可发现设备的早期隐患，而红外热像技术往往等隐患发展到一定程度才可检测出来。

二、 无人机紫外检测技术在电力线路巡检中的应用

近年来，由于紫外成像技术及无人机技术的不断成熟，以搭载紫外成像仪

的无人机的输电线路巡检方式应运而生。

2016 年 4 月,中国航天科工集团成功研制搭载紫外成像漏电检测仪,其大小控制在与一本牛津英语词典相仿,重约 1.5kg,成年人一只手就可以轻松托起。机身正前方配置两个直径 5cm 左右的镜头,分别负责感应紫外线和观测可见光。紫外图像可以精确显示目标产生电晕和放电情况,可见光图像可以还原被测目标周围的背景信息,二者结合生成的双光谱融合图像,相当于在一幅图像上明确指出了目标漏电位置情况。其创造性地搭载无人机平台,适合对远距离、大范围的高压输电线进行空中巡检。

2016 年 9 月,湖北电网利用无人机融合紫外成像检测技术成功巡检了 500千伏渔兴二回 350 号杆塔设备。这是国内首次将小型无人机融合紫外成像检测技术的科技成果应用于电力生产中,填补了国内该领域技术空白。将紫外成像仪通过云台固定安装在多旋翼无人机的底部,工作人员在地面站远距离操控无人机和云台的偏转,利用紫外成像的特点来检测输电线路是否有电晕现象。搭载紫外成像设备的无人机对输电线路巡检更加安全,成本低、效率高,且可以及时地发现输电线路存在的缺陷,解决巡检"盲区"的问题。

中型旋翼无人机携带紫外成像仪的探测方法,可以对输电线路进行 360°环绕飞行,对输电线路检测无死角。利用无人机携带紫外成像相机应用在输电线路巡检系统中,能够提高工作人员的效率、延长设备寿命、减少电力事故等,对于推进电力系统稳定安全运行有积极作用。

三、 紫外成像技术无人机的组成及工作原理

(一) 紫外成像技术无人机的组成

具备紫外成像技术的无人机主要由多旋翼无人机和紫外成像稳定载荷系统组成。其中,紫外成像稳定载荷系统分为两轴增稳云台和紫外成像设备两部分。

增稳云台主要有由机械结构组件、力矩电机、滑环、编码器、硬件单板及软件和内部元器件组成,采用横滚俯仰两轴摇臂式结构,安装在云台俯仰轴上的陀螺敏感载机的摇摆,通过陀螺稳定回路,使云台在飞机摇摆、振动条件下保持瞄准线的稳定,使其俯仰框架内的图像传感器输出稳定的图像。

紫外成像设备将采集电晕放电现象的紫外图像信号和背景可见光视频信号

进行存储，经后期处理成像与可见光图像叠加，达到确定电晕的位置和强度的目的。

（二）紫外成像技术无人机的工作原理

在无人机上配置的两轴增稳云台采用横滚俯仰框架结构，外框架为横滚框架，内框架为俯仰框架，陀螺与图像传感器安装在俯仰框架上。系统工作时，安装在稳定平台内的陀螺敏感载机的摇摆，通过陀螺稳定回路，使平台在飞机摇摆、振动条件下保持瞄准线的稳定，从而保证俯仰框架内的图像传感器成像清晰。

云台控制器与外部有两种通信接口：与飞控的通信接口；与接收机的通信接口。云台控制器与内部陀螺模块通过采集陀螺信息和编码器信号，控制电机完成位置闭环增稳控制，保持视轴稳定。地面操控人员通过遥控器控制云台的横滚和俯仰转动，检测地面或空中目标。图像信息、控制信息以及云台的工作状态等可通过数据链路传回至地面控制中心，供地面指挥控制人员操作或使用。搭载的双通道紫外摄像仪将拍摄的可见光和紫外视频信息进行存储，地面操作人员可通过 SD 卡接口将数据导出，以供后期进行图像融合处理，完成电晕现象定位和强度分析，为电气设备的状态检测提供依据。

第三节 正 射 影 像

一、 正射影像的概念及特点

（一）正射影像的概念

数字正射影像图（Digital Orthophoto Map，DOM）是以航摄像片或遥感影像（单色/彩色）为基础，经扫描处理并经逐像元进行辐射改正、微分纠正和镶嵌，按地形图范围裁剪成的影像数据，并将地形要素的信息以符号、线画、注记、公里格网、图廓（内/外）整饰等形式填加到该影像平面上，形成以栅格数据形式存储的影像数据库。它具有地形图的几何精度和影像特征。

（二）正射影像的特点

正射影像图具有精度高、信息丰富、直观逼真、现实性强等优点。可作为背景控制信息评价其他数据的精度、现实性和完整性；可从中提取自然信息和人文信息，并派生出新的信息和产品，为地形图的修测和更新提供良好的数据和更新手段。

在电力巡检中，通过无人机影像制作的正射影像，不但分辨率高、精度好，能够辅助电力线路高效的检查，而且有很高的应用价值。

二、 正射影像制作方法

由于获取制作正射影像的数据源不同，以及技术条件和设备的差异，数字正射影像图的制作有多种方法，其中，主要包括下述三种方法：

（一）全数字摄影测量方法

全数字摄影测量方法是通过数字摄影测量系统来实现，即对数字影像进行内定向、相对定向、绝对定向后，形成 DEM，按反解法做单元数字微分纠正，将单片正射影像进行镶嵌，最后按图廓线裁切得到一幅数字正射影像图，并进行地名注记、公里格网和图廓整饰等。经过修改后，绘制成 DOM 或刻录光盘保存。

（二）单片数字微分纠正

如果一个区域内已有 DEM 数据以及相片控制成果，就可以直接使用该成果数据 DOM，其主要流程是对航摄负片进行影像扫描后，根据控制点坐标进行数字影像内定向，再由 DEM 成果做数字微分纠正，其余后续过程与上述方法相同。

（三）正射影像图扫描

若已有光学投影制作的正射影像图，可直接对光学正射影像图进行影像扫描数字化，再经几何纠正就能获取数字正射影像的数据。几何纠正是直接针对扫描变换进行数字模拟，扫描图像的总体变形过程可以看作是平移、缩放、旋转、放射、偏扭、弯曲等基本变形的综合作用结果。

三、 正射影像在无人机巡检中的应用

电力线巡检是一个精细的电网安全保障工作，巡检的内容越全面，对电网的安全就越有保障。通常情况，巡检线路都比较长，为了要保证无人机上可搭载不同的传感器并能够长时间地在空中作业，同时为了实现后期的数据处理过程的自动化与智能化，尽量发挥多种数据融合进行故障诊断的优势，需要在数据的获取过程中实现不同传感器数据之间严格的时间与空间同步使用智能空中三角测量的方法，通过无人机摄取影像，最后制作正射影像，不但具有分辨率高、精度好的特点，而且能够辅助电力线路高效的检查，而且有很高的应用价值。

为了改善电力线巡检工作的效率和安全性，光学影像按照线路摄影测量的方式获取电力线，并运用智能空中三角测量处理，用此影像制作数字正射影像，制作的 DOM 具有精度高、信息丰富、直观、获取快捷等优点，实验表明，DOM 可以达到 1∶2000 精度，有利于对测区内的目标定位和电力线巡检，并为电力线走廊构建三维场景提供重要数据源。

四、 无人机巡检中的正射影像制作流程示例

采用无人机获取电力巡检线路的正射影像的基本流程如下：

（1）准备工作。准备工作分为硬件和软件的准备工作。

硬件主要包括无人机、平板及航拍辅助设备，例如遮光罩、遥控器、背带等。软件包括地面站，如大疆 GS Pro、Atlizure、Pix4Dcapture 等和辅助拍摄 App。辅助拍摄 App 可选择谷歌地球、奥维互动地图和 Meteo Earth Hover 等。

（2）航线规划及航拍。确定目标巡视输电线路，规划好拍摄区域、相机朝向、拍照模式（推荐等间拍照模式）、飞行速度、高度等。航线开始后，每个目标区域最好拍摄 3 张照片，并且航向重叠率与旁向重叠率建议都在百分之六十以上，这样能保证三张照片有重叠部分。在航测过程中若遇到拍摄区域过大需要更换电池，暂停任务，更换电池后继续拍摄即可。

（3）航片后期拼接。以 Agisoft Photoscan 为例，完成航片正射影像拼接。打开 PhotoScan 软件，在左侧工作区单击"添加模块"按钮，添加模块，软件

自动创建新项目，准备导入航片。在软件上方工具栏，单击"工作流程"—"添加照片"，选择要拼接的照片。然后单击"工作流程"—"对齐照片"，软件会根据航片坐标、高程信息，相似度自动排列照片。对齐照片时，软件会弹窗要求选择精度，在此可以选择高精度，完成照片的排列。最后单击确认，自动对齐照片。

（4）正射影像的制作及导出。航片拼接后，为制作出正射影像，首先要生成密集点云。单击"工作流程"—"建立密集点云"，同样根据实际工作需求选择质量，建议选择高质量。然后单击"工作流程"—"生成网格"，表面模型可选择"任意"，源数据选择"密集点云"，面数根据成像质量需求选择"高""中""低"，同样选择高质量。随后单击"工作流程"—"生成纹理"，映射模式选择"正射影像"，混合模式可选择"镶嵌（默认）"，纹理大小可选择"4096"。最后单击"工作流程"—"生成正射影像"。这样就根据无人机航拍图片制作了输电线路各区域的正射影像。单击"文件"可导出拼接成果和正射影像。

第四节　倾　斜　摄　影

一、倾斜摄影技术简介

目前，在输电线路的运行维护管理工作中，关于高差、距离等的测量工作覆盖多个业务内容，如线行树障的面积测量；基础边坡的尺寸测量；线行保护区内测量违章建筑的尺寸、位置信息等。高压输电线路横穿崇山峻岭已经形成常态，而如何在这纷繁复杂的地形、地貌上准确地测出想要的数据，则是输电人员面临的一大难点。

倾斜摄影技术是国际测绘领域近些年发展起来的一项高新技术，原理为：在同一飞行平台上搭载高清数码相机，同时从垂直、倾斜等不同角度拍摄高分辨率影像，选择像控点校正影像偏移及变形，使用专业无人机数据处理软件生成高分辨率正射影像及实景三维模型。生成的成果可以直观地反映地形变化，准确地辅助内业连线绘图。它颠覆了以往正射影像只能从垂直角度拍摄的局限，通过在同一飞行平台上搭载多台传感器，同时从一个垂直、四个倾斜等五个不同的角度采集影像，将用户引入了符合人眼视觉的真实直观世界。相对于正射影像，倾斜摄影能更加真实地反映现场的三维环境，通过软件可直接利用拍摄影像进行三维建模，从而进行高度、长度、面积、体积、角度、坡度等属性的测量。它不仅能够真实地反映地物情况，高精度地获取物方纹理信息，还可通过先进的定位、融合、建模等技术，生成真实的三维模型。该技术在欧美等发达国家已经广泛应用于应急指挥、国土安全、城市管理、房产税收等行业。

二、 国内外倾斜摄影技术发展

倾斜航空摄影在国外已经有十几年的应用经验，但是其概念在国内的大范围研讨，只是近几年的事情。2010 年 10 月，刘先林院士团队率先研发成功了第一款国产倾斜相机 SWDC－5，并于当年和北京东方道迩公司成功合作开展了长春市倾斜摄影工程项目，同时也实现了国产倾斜相机的正式销售，后续上海航遥公司、中测新图公司也相继推出了 AMC580 和 TOPDC－5 倾斜相机，国产倾斜航摄仪得到了快速发展，但是国内尚无较为高效完善的倾斜摄影三维建模解决方案，比较有代表性、能够进行工程化应用的是北京东方道迩公司和武汉华正公司的后处理技术，不过两者的后处理建模都需要 LIDAR 数据的支持，前者是半自动的人工交互式生产，后者基本能够实现自动化生产，每个倾斜摄影工程都需要飞两种设备，作业门槛和成本都偏高，三维模型的效率虽然较传统方式有较大进步，然而与国外的后处理技术相比还是偏低。

在国外，倾斜摄影技术获取装备和后处理软件都经历了十几年的发展历程，天宝公司的 AOS 系统、德国 IGI 公司的 Penta－DigiCam 系统、以色列 Vision-Map 公司的 A3 系统等都曾频繁出现在国际摄影测量展会和航摄仪市场上，随着徕卡公司旗下 RCD30 和微软公司旗下 UCO 的正式推出，将倾斜摄影的关注程度又提高到了一个新的层面。倾斜航摄获取装备的快速发展，带动了倾斜后处理软件的推陈出新，目前，后处理软件主要有法国 ASTRIUM 公司的"街景工厂"、美国 Pictometry 公司的 Pictometry 系统、法国 Acute3D 公司的 Smart3DCapture、基于 INPHO 软件的 AOS 系统、以色列的 VisionMap 软件、微软 Vexcel 公司的 Ultramap 软件等。这些软硬件系统代表了目前国际倾斜摄影技术发展的最高水平。

三、 无人机倾斜摄影技术在输电线路巡检的应用

输电线路的运行维护管理工作中，关于高差、距离的测量工作覆盖多个业务内容，利用传统工具进行测量时，除了数据准确性受现场环境、人员素质等较多因素影响，也存在较高的测量风险。

将无人机倾斜摄影技术用于输电线路运维测量中，解决了传统测量方法的弊端，使测量数据更准确直观，并降低了测量风险，具有先进性和实用价值。同时，基于倾斜摄影技术的无人机电力巡检系统能够建立时效好、精度高的三维实景模型，有效、准确地进行电力线路及设备的监测与维护，提高电力巡检效率和经济效益。

一般流程：无人机开始输电线路巡检后，首先获取巡检的位置 GPS 坐标信息，进行自动导航寻路；然后遥控倾斜相机设备拍摄输电线路图像，并将采集到的图像信息、获取的位置信息及无人机飞行状态信息等数据，通过无线传输的方式传输到地面；地面站接收到无人机传输的图像数据后进行保存，并通过获取的数据控制无人机的自主飞行与导航，同时进行图像数据的在线处理，做出故障或潜在隐患的判断；最后，再用人工的方式对实际情况进行筛选和排查。

在输电线路实际运维中，无人机倾斜摄影技术在测量中的应用具有以下优点：

（1）利用三维立体成像系统，可以更加直观地看到测量对象全方位的状况，资料方便调用，相当于将测量现场"搬到"办公桌前。

（2）在移动终端也能观测三维立体影像软件，帮助运行人员或管理人员在外出差或旅途中方便调取信息，提高应急响应能力，提供决策依据。

（3）通过对输电线路保护区内树障开展面积测量，对于多边形不规则图形可以形成直观可视的影像资料，测出多边形各边长度，从而计算面积。

（4）对于基础边坡存在缺陷的测量对象形成三维影像，清晰直观地在电脑桌前测量边坡坡率等各项尺寸信息。

（5）针对输电线路边坡塌方，测量边坡面积，以及与输电线路杆塔水平距离。

四、 输电线路巡检中无人机倾斜摄影具体操作流程示例

在输电线路的巡检中，采用搭载了倾斜摄影技术的无人机的具体操作流程示例如下。

（1）航线规划。通过无人机的地面站规划软件对需要巡检的区域进行地图下载、定位、航线规划，并且根据传感器镜头的焦段、飞行高度以及项目要求，设置相应的重叠度参数。

倾斜摄影的航线规划要采用专用航线设计软件进行设计，其相对航高、地面分辨率及物理像元尺寸满足三角比例关系。航线设计一般采取 30％的旁向重叠度，66％的航向重叠度，目前要生产自动化模型，旁向重叠度需要达到 66％，航向重叠度也需要达到 66％。航线设计软件生成一个飞行计划文件，该文件包含飞机的航线、坐标及各个相机的曝光点坐标位置。

（2）外业采集数据。完成好航线规划后，使飞机和地面站取得有效通信，并避开可能有的干扰信号。起飞后根据预设的航线飞行，同时时刻关注地面监视器反馈的飞机飞行状态，保证航飞的准确性。实际飞行中，各个相机根据对应的曝光点坐标自动进行曝光拍摄。

（3）内业数据处理。数据获取完成后，首先要对获取的影像进行质量检查，对不合格的区域进行补飞，直到获取的影像质量满足要求。其次进行匀光匀色处理，在飞行过程中存在时间和空间上的差异，影像之间会存在色偏，这就需要进行匀光匀色处理。再次进行几何校正、同名点匹配、区域网联合平差，最后将平差后的数据（三个坐标信息及三个方向角信息）赋予每张倾斜影像，使得他们具有在虚拟三维空间中的位置和姿态数据，每张斜片上的每个像素对应真实的地理坐标位置。

第五节 点 云 技 术

一、 点云技术原理及特点

激光雷达技术（LiDAR）是近 20 年来发展非常迅速的遥感技术，它通过发射激光脉冲、接收返回的脉冲信号，经过系统处理来获取目标的三维空间信息。

机载 LiDAR 即将 LiDAR 系统安置于机载平台（包括飞机、直升机和无人机等）对地物进行扫描来获取地物空间信息，在不需要大量地面控制点的情况下即可快速获取地表各种地物高密度、高精度的三维空间信息，并且能部分地穿透植被获取林下地形信息，因此逐渐被引入输电线路巡线中，特别是在山区地形复杂或者自然条件恶劣的地区。

二、 点云技术在电力巡检中的应用

机载激光雷达技术在输电线路巡检中的应用已较为成熟，在国内外均有大量案例。由于测量精度高（可以达到 1cm），同时可以获取穿透植被，也可以实现对电线和电塔等细小物体的精确测量和建模。尤其在电力巡检和"三跨"测量等应用中展现出极大的精度优势。

机载激光雷达技术在电力巡线中可广泛应用于空间距离量测、导地线建模、横断面图输出和环境模拟分析等各个方面。空间距离量测与分析是激光点云数据在电力巡线中最直接、最常见的应用。通过自动量测已分类点云之间的距离可以进行输电线路的安全分析，查找出危险处或者存在安全隐患处，也可以通过点云建模，量测模型和模型、模型和点云之间的三维距离来进行安全分析。另外，基于高精度、高密度的点云，可以实现各分裂导线之间的距离量测等，该应用是传统方法难以实现的。最后，在空间距离量测的基础上，通过缓冲区分析，还可研究电力设施的空间位置状态及与其他电力设施或一般地物之间的空间关系。

导地线建模也是机载点云在电力巡线中的重要应用之一。从点云中提取导地线模型，研究其在不同的温度、风速、风向等环境下，导线的风偏、弧垂等的变化状态，并可模拟输电线路增容下的弧垂。若结合植被点云、DEM、杆塔模型等，就可以评估不同条件下输电线路的安全信息，这对输电线路管理意义重大。

基于点云输出线路的横断面图也是常用的功能。基于高精度高分辨率的地形数据、杆塔位置信息等，一些应用还实现了在三维场景中的排杆、线路优化等功能。另外，依据激光点云数据，还可以建立地质灾害地形预测模型，分析树木生长、火灾、泥石流、山体滑坡等对输电线路可能造成的安全隐患，为输电线路防灾减灾提供参考和依据。

三、 激光点云技术应用流程示例

激光点云技术在电力巡检应用时的流程一般为获取数据、点云分类、点云检查、成果导出。

（1）获取数据。通过机载三维激光雷达系统获取点云数据、地面检查点（野外实测数据）等数据，并准备航迹文件（GPS 时间、位置信息与姿态信息相对应的列表文件）等参考文件。

（2）点云分类。点云分类主要是将点云数据按照点类定义分别归类到各自所在的层。由于点类的定义比较繁多，因此以人工干预为主，首先移除噪声点，也就是明显低于或高于地表的点或点群，以免影响后期分类。其次将电网线路此处包括塔、导线、地线、绝缘子、引流线五类从激光点云中分离出来。在实际过程中检测危险点时，需要把线路走廊激光数据按照规程要求进行分类，下一步根据走廊内地物类型和特征，同时对地面、树、道路等进行分类，各种分类信息可以相互辅助，提高效率和准确度。分类过程一般先使用点云数据处理软件进行自动分类，然后进行人工干预，最后将未分类的点按高度分为低植被、中植被、高植被、到此分类完成。

（3）点云检查。点云检查是点云数据处理过程的一个重要环节，检查的内容主要是非地面点云精细分类，按电力巡线的要求，不允许错分、漏分；主线路是否少点；是否有航带高差；将分类结果与影像套合，查看点云与影像内容及范围是否一致。结合分类后的点云可以实现电力线路的三维数字化，恢复电力线沿线地表形态、地表附着物（建筑、树木等），线路杆塔三维位置和模型等，并将线路的属性参数录入，成为实现线路资产管理的重要依据，巡检过程中涉及的风险排查包括：①危险点检测；②从点云中提取塔杆信息，包括位置、塔高；③根据塔杆位置、走廊宽度，自动进行杆塔分割；④自动进行危险点检测；⑤危险点树木单木分割，以不同颜色表示不同的树木。

因此激光点云的准确分类为数字电网建设和输电线路安全巡检提供强有力的技术支撑，因此分类工作者必须具有耐心、细心、责任心。

分类中需要注意的易错问题主要有：错将杆塔点分为植被点，漏分电力走廊内的交叉线路，错将噪点提取为电力线点，将高于电力线的噪点分为植被点等。

（4）成果导出。分类完成后，通过分类后的激光点云数据，处理成标准的走廊的数字高程模型（DEM），经过进一步处理提取各类地物点。为输电线路监护人员提供数据基础，发现输电线路设施设备异常和隐患，以及线路走廊中被跨越物对线路的威胁。

第八章　无人机法律法规

随着科技的发展，无人机日益普及并被广泛运用于生产和生活中，为人们提供便利，过去 10 年，各种类型的无人机在军民两用方面得到了广泛的应用。在民用方面，无人机在农林植保、电力巡线、地质测绘、灾害评估、航拍娱乐等领域，应用效果和经济效益都非常看好。无人机爆发式增长一方面带动产业的换代升级，但另一方面黑飞事件频发也给公共安全和正常的公共秩序造成了严重破坏。无人机应用规模的增加也刺激了无人机市场，各种功能用途的无人机充斥着无人机市场，然而目前无人机管理方面存在着法律模糊、主体混乱、市场监管不到位等诸多问题，规范无人机的相关法律体系还相对比较落后。当前形势下应当在遵守相关法律法规基础下充分发掘民用无人机潜在的应用价值，促进无人机在电力系统中应用模式的健康发展。

第一节　"黑飞"造成的安全隐患

无人机爆发式增长一方面带动产业的换代升级，另一方面见诸报端的无人机"闯祸"的案例层出不穷。

一是，无人机起降过程中坠落造成人身和财产损害。如在 2016 年 10 月 18 日，宁波一架无人机失控，砸中高速公路货车致货车前挡风玻璃被砸碎，驾驶室内两人受轻伤；2016 年 9 月 10 日，广州的邓先生一家人在广州大学城 GOGO 新天地逛街时，竟被突然飞来的无人机打伤，导致一位老人和一名幼童受伤。

二是，民用无人机多次干扰军、民航空器的正常起降和飞行，进而危害公共安全。四川省公安厅在 2017 年 4 月 20 日发布通报，该通报显示：2017 年 4 月 14 日至 4 月 21 日，成都双流机场竟先后 4 次出现无人机干扰民航班机飞行的事件，这些事件已造成近百架航班延误，上万名旅客被滞留机场。另据中国民航局官方统计，仅 2017 年 4 月，包含成都、杭州、大连、南京、上海在内的国内几个主要机场共发生 13 次无人机影响民航班机起降的事件，在这几个机场里面成都双流机场受到影响最为严重，造成 34 个航班取消、112 个航班返航备降、142 个航班空中和地面等待。

三是，相对于无人机坠落造成的人身或财物损毁而言，人们更担心无人机对个人隐私的侵犯。西安的金某利用夏季所穿衣服较少的特点，私自操作无人机对女性住户进行偷拍，并将拍摄得到图像或视频实时传输至手机上的直播软件，从而进行现场直播。

此外，无人机特别是轻小型无人机体型较小、飞行噪声低、隐蔽性强，成本较低，再加上目前各个国家对无人机的监管比较滞后，这些特点都使得无人机成为一些犯罪分子实施犯罪的首选工具。由此可见无人机快速发展带来的一系列不可回避的问题都对无人机相关法律法规提出了挑战。

第二节　国内民用无人机的管理现状

目前，我国专门针对无人机的法律法规处于一个空白状态。从无人机所属范围来看，《中华人民共和国民用航空法》（简称《民用航空法》）和行政法规《中华人民共和国飞行基本规则》的调整范围涵盖了所有的民用航空活动。《民用航空法》第五条规定，"除用于执行军事、海关、警察飞行任务之外的航空器"全都应该纳入适用《民用航空法》的民用航空器范围之内。《中华人民共和国民用航空法》是唯一一部针对民用航空发布的法律。

此外，我国尚未形成综合的民用无人机法规管理体系，但已陆续出台了各类管理规定和管理办法。最早在 2003 开始实施的《通用航空飞行管制条例》中即明确了无人机用于民用时，应当作通用航空飞机对待，但并未对民用无人机进行分类管理。

在行政法规方面主要有《中华人民共和国飞行基本准则》，主要确立了国家对境内所有飞行实行统一的飞行管制原则，空域管制，飞行管制；《通用航空空中交通管理规则》，明确了通用航空的概念，内容涉及通用航空器的飞行空域的划设与使用、飞行活动的管理、飞行保障、相关法律责任等。

在规范性文件方面也进行了相关规定。

2009 年 6 月，民航局发布《关于民用无人机管理有关问题的暂行规定》，要求任何民用无人机在飞行前必须办理"临时登记证"和"特许飞行证"，拥有"两证"的民用无人机，"应当按照空中交通管理、运行管理和无线电管理等部门的要求和规则运行"。该规定同时注明所言无人机不包括航空运动模型。可见，当时国家主要着眼于大中型无人机的管理，小微型无人机尚未形成产业规模。

2009 年 6 月，民航局发布《民用无人机空中交通管理办法》，明确规定民航空管单位应当按照法规和本规定的要求对民用无人机飞行活动进行空中交通管理。组织实施无人机飞行的单位和个人应当按照《通用航空飞行管制条例》等规定申请空域，服从飞行活动管理和接受空中交通服务。

2013 年 11 月，国家民航局发布《民用无人驾驶航空器系统驾驶员管理暂行规定》，主要解决无人机的驾驶员资质管理。主要解决民用无人机的驾驶员资质管理问题。重量≤7kg 的微型无人机，飞行范围在目视视距内半径 500m、相对高度低于 120m 范围内，无须证照管理，重量等指标高于上述标准及飞入融合空域内的民用无人机，驾驶员需纳入行业协会甚至民航局的监管。

2014 年 4 月，民航局发布《关于民用无人驾驶航空器系统驾驶员资质管理有关问题的通知》（民航发〔2014〕27 号），规定无人机驾驶员资质及训练质量管理由中国航空器拥有者及驾驶员协会（中国 AOPA）负责，这也是我国首次对无人机驾驶员的资质培训提出要求。

2015 年 12 月，民航局发布《轻小型无人机运行规定（试行）》（AC - 91 - FS - 2015 - 31），这是我国针对无人机进行管理的第一部行政规定。给出了"无人机"等相关概念的定义；将无人机分为 7 类；明确无人机机长的职责和权限；对无人机的使用说明书提出了要求；规定了禁止和限制操作的事项；还涉及无人机的具体运行要求等。

2016 年 7 月，为了进一步规范无人机驾驶员管理，民航局对原《民用无人驾驶航空器系统驾驶员管理暂行规定》进行了修订，发布了新版规定并更名为《民用无人机驾驶员管理规定》（AC - 61 - FS - 2016 - 20R1），重新调整了无人机分类，对无人机驾驶员实施了分类管理，增加了管理备案制度，取消了部分运行要求。

2016 年 9 月，民用航空局空管行业管理办公室发布《民用无人驾驶航空器系统空中交通管理办法》，主要解决无人机的空中交通管理问题，规定了民用无人驾驶航空器系统评估管理制度，亦对空中交通服务、无线电管理做出了规定。

2017 年 5 月，民航局发布《民用无人驾驶航空器实名制登记管理规定》，该规定适用于最大起飞重量为 250g（含）以上的民用无人机。要求自 2017 年 6 月 1 日起，民用无人机的拥有者必须进行实名登记；2017 年 8 月 31 日后，民用无人机拥有者，如果未按照该管理规定实施实名登记和粘贴登记标志的，其行为将被视为违反法规的非法行为。

此外，还包括地方性规范性文件和征求意见稿。如 2017 年 7 月，中国人民解放军东部战区空军参谋部、江苏省公安厅、中国民用航空江苏安全监督管理局联合发布《关于加强无人驾驶航空器管理维护公共安全的通告》。《通告》第六条明确规定"对违反上述规定，擅自升放无人机等低慢小航空器的，相关职能部门将依法采取紧急处置措施；构成违反治安管理行为的，公安机关将依法予以治安管理处罚，构成犯罪的依法追究刑事责任"。国务院、中央军委空中交通管制委员会发布的《低空空域使用管理规定（试行）》（征求意见稿），从空域分类划设、空域准入使用、飞行计划审批报备、相关服务保障、行业监管和违法违规飞行查处等五大方面，对低空空域的管理使用进行了详细有实操性的规定，将成为未来我国低空空域使用管理的基本依据。

总体来讲，随着无人机应用的增多，为了保证这个行业健康有序发展，我国加快了制定管理规定的步伐，无人机行业正在迈入有法可依的时代。

第三节　中国无人机巡检相关文件和标准

一、法律法规

民用无人机相关法律见表 8-1。

表 8-1　　　　　　　　　民用无人机相关法律

制定主体	文 件 名 称	颁 行 时 间
全国人大	《中华人民共和国民用航空法》（中华人民共和国主席令〔1995〕第 56 号）	1995 年 10 月 30 日公布，1996 年 03 月 01 日起施行，2016 年 11 月 7 日最新修订

二、 行政法规

民用无人机行政法规见表8-2。

表8-2 民用无人机行政法规

制定主体	文件名称	颁行时间
国务院、中央军委	《军用机场净空规定》	2001年8月12日
国务院、中央军委	《中华人民共和国飞行基本规则》	2000年7月24日
国务院、中央军委	《通用航空飞行管制条例》	2003年1月10日
国务院	《民用机场管理条例》	2009年4月13日

三、 规范性文件

民用无人机规范性文件见表8-3。

表8-3 民用无人机规范性文件

制定主体	文件名称	颁行时间
中国民用航空局航空器适航审定司	《关于民用无人机管理有关问题的暂行规定》	2009年6月4日
中国民用航空局空中交通管理局和中国民用航空局空管行业管理办公室	《民用无人机空中交通管理办法》	2009年6月26日
中国民用航空局飞行标准司	《民用无人驾驶航空器系统驾驶员管理暂行规定》	2013年11月18日
中国民用航空局	《关于民用无人驾驶航空器系统驾驶员资质管理有关问题的通知》	2014年4月29日
工业和信息化部	《关于无人驾驶航空器系统频率使用事宜的通知》	2015年3月10日
中国民用航空局飞行标准司	《轻小无人机运行规定（试行）》	2015年12月
中国民用航空局飞行标准司	《民用无人机驾驶员管理规定》	2016年7月11日
中国民用航空局空管行业管理办公室	《民用无人驾驶航空器系统空中交通管理办法》	2016年9月21日
中国民用航空局航空器适航审定司	《民用无人驾驶航空器实名制登记管理规定》	2017年5月16日
国家标准委、科技部、工业和信息化部、公安部、农业部、体育总局、能源局、民航局	《无人驾驶航空器系统标准体系建设指南（2017—2018年版）》	2017年5月22日

第四节 其他相关文件和标准

输电线路无人机巡检，还应符合国家电网对输电运检的相关规定，涉及的其他主要相关文件和标准如下。

《架空输电线路运行规程》	（DL/T 741—2010）
《架空输电线路无人直升机巡检系统》	（Q/GDW 11385—2015）
《架空输电线路无人直升机巡检技术规程》	（Q/GDW 11367—2014）
《国家电网公司电力安全工作规程（线路部分）》	（Q/GDW 1799.2—2013）
《架空输电线路无人直升机巡检作业安全工作规程》	（Q/GDW 11399—2015）
《带电设备红外诊断应用规范》	（DL/T 664—2016）
《架空输电线路无人机巡检系统配置导则》	（Q/GDW 11383—2015）

附录 A　架空输电线路无人机巡检作业现场勘察记录

勘察单位：	编号：
勘察负责人：	勘察人员：

勘察的线路或线段的双重名称及起止杆塔号：

勘察地点或地段：

巡检内容：可见光通道巡检

作业现场条件：

地形地貌以及巡检航线规划要求：

空中管制情况：

特殊区域分布情况：

1. 航巡区域左侧障碍物：

2. 航巡区域右侧障碍物：

3. 起降场周边障碍物：

起降场地：

巡检航线示意图：

应采取的安全措施：

1. 飞行巡检安全措施：

作业现场注意保持与人员的安全距离。

巡检作业时无人机与距线路设备距离不得小于 5m。

距周边障碍物距离不得小于 5m。

2. 安全策略：

无人机通信链路中断、导航卫星颗数无法定位时自动返回起降点降落。

巡检作业区域出现雷雨、大风等突变天气时，应采取措施控制无人机返航或就近降落。

3. 其他安全措施和注意事项：

无人机起降速度不大于 8m/s，无人机巡检飞行速度不大于 10m/s。

风速不应大于 8m/s。

无人机航巡工作应在批准空域内进行。

起降场周边树木较多时，起降时应注意与树木的距离。

记录人：	勘察日期：2019 年　月　日　时 分至 2019 年　月　日　时　分

附录 B 复合绝缘子红外检测杆塔记录表

电压等级：	线路名称：	杆塔号：	单/双回：

飞行地点或地段：

地形地貌：

山区 □　　　　　高大山岭 □　　　　丘陵 □　　　　平原 □　　　　林区 □

矿山 □　　　　　高污染源 □　　　　湖泊 □　　　　河流 □　　　　公路 □

铁路 □　　　　　其他 □

作业现场情况：

特殊区域分布情况：

（1）航巡区域左侧障碍物：

（2）航巡区域右侧障碍物：

（3）起降场周边障碍物：

绝缘子投运时间：_____

生产厂家：_____

实际飞行情况实时记录：

天气：_____　温度：_____℃　湿度：_____%RH

风向：_____　风速：_____m/s　海拔：_____m

光照强度：_____

飞行过程预设：

起降场地：		空中管制情况：	
飞行手：	观察手：		飞行时间：
记录人：	日期：		作业序号：

附录 C　架空输电线路无人机巡检作业工作票

单位_____　编号_____

1. 工作负责人_____　工作许可人_____

2. 工作班_____

工作班成员（不包括工作负责人）：_____

3. 无人机巡检系统型号及组成：_____

4. 起飞地点、降落地点及巡检线路：

_____

5. 工作任务：

巡检线段及杆号	工作内容

6. 审批的空域范围：

_____

7. 计划工作时间：

自___年__月_日___时___分　　　　　至___年__月_日___时___分

8. 安全措施（必要时可附页绘图说明）：

8.1 飞行巡检安全措施：_____

_____

8.2 安全策略：_____

_____

8.3 其他安全措施和注意事项：_____

_____

工作票签发人签名_____　___年__月_日___时___分

工作负责人签名_____　___年__月_日___时___分

9. 确认本工作票 1～8 项，许可工作开始

许可方式	许可人	工作负责人	许可工作的时间
			___年_月_日___时___分

10. 确认工作负责人布置的工作任务和安全措施

班组成员签名：_____

_____

11. 工作负责人变动情况

原工作负责人_____离去，变更_____为工作负责人。

工作票签发人签名_____   ___年_月_日___时___分

12. 工作人员变动情况（变动人员姓名、日期及时间）

_____

13. 工作票延期

有效期延长到___年_月_日___时___分

工作负责人签名_____   ___年_月_日___时___分

工作许可人签名_____   ___年_月_日___时___分

14. 工作间断

工作间断时间___年_月_日___时___分

工作负责人签名_____   ___年_月_日___时___分

工作许可人签名_____   ___年_月_日___时___分

工作恢复时间___年_月_日___时___分

工作负责人签名_____   ___年_月_日___时___分

工作许可人签名_____   ___年_月_日___时___分

15. 工作终结

终结方式	许可人	工作负责人	终结报告的时间
			___年_月_日___时___分

无人机巡检系统状况：

_____

16. 备注

（1）指定专责监护人_____负责监护_____

_____（人员、地点及具体工作）

（2）其他事项_____

附录 D　架空输电线路无人机巡检作业工作单

单位：	编号：

1. 工作负责人：　　　　　　　　　　　工作许可人：

2. 工作班：
工作班成员（不包括工作负责人）：

3. 作业性质：小型无人直升机巡检作业（√）　　　　应急巡检作业（　）

4. 无人机巡检系统型号及组成：

5. 使用空域范围：距离＜500m　　高度＜120m

6. 工作任务：

7. 安全措施（必要时可附页绘图说明）：
7.1 飞行巡检安全措施：
1) 飞行前做好各项飞行检查；
2) 遇雷雨，8m/s以上大风等不适合飞行的恶劣天气禁止飞行；
3) 起降及飞行全程使用GPS模式，在规定的飞行区域飞行；
4) 飞行速度不大于10m/s，垂直起降速度不大于4m/s，进入作业点及返航高度不低于50m。
7.2 安全策略：
1) 安全策略为失控返航；
2) 在规定时间内完成巡检作业，电量低于20%时必须返航，视情况进行飞行航线重新规划。
7.3 其他安全措施和注意事项：
1) 顺线路巡检时，机头朝向应为顺线路方向；
2) 起降时注意观察周边环境，防止其他航空器或障碍物影响。
7.4 上述1~7项由工作负责人_____　根据工作任务布置人_____的布置填写。

8. 许可方式及时间
许可方式：_____
许可时间：___年_月_日___时___分至___年_月_日___时___分

9. 作业情况
作业自___年_月_日___时___分开始，至___年_月_日___时___分，无人机巡检系统撤收完毕，现场清理完毕，作业结束。
工作负责人于___年_月_日___时___分向工作许可人___用___方式汇报。
无人机巡检系统状况：

工作负责人（签名）_____　工作许可人_____

填写时间___年_月_日___时___分

附录 E　无人机巡检航前/航后检查单

无人机巡检航前检查单

日期：　　　　　　　　　　　　　　　　　无人机型号：

序　号	检查项目	检查确认	检查项目	检查确认
1. 作业环境检查	巡检线路名称（记录）		风速（记录）	m/s
	巡检线路杆号范围（记录）		风向（记录）	
	作业现场地形（记录）		起降点大小（记录）	
	作业现场天气（记录）		起降点平整无异物	
	无电磁干扰		净空符合要求	
	气温	℃		
2. 无人机外观检查	无人机外观无损伤		桨叶完好	
	电机座无松动		云台连接牢固	
3. 遥控器检查	遥控器外观无损伤（摇杆、按钮使用正常）		遥控器、无人机连接正常	
4. 移动设备检查	移动设备电池电量			
5. 飞控参数设置检查	模块自检正常		新手模式关闭	
	RTK 天线是否紧固		是否使用 RTK	
	指南针校准正常（离地 1.5m）		允许切换飞行模式	
	云台状态正常		允许航向锁定模式关闭	
	无线信道质量		返航高度	m
	飞行模式 P-GPS		失控行为：返航	
	遥控器模式美国手		前臂灯打开	
	依次检查 2 块电池的电量		启用视觉定位打开	
	遥控器电量		C1 设置为：相机朝向归中	
	飞行器电池温度		图传信道为自动选择	
	SD 卡剩余容量	G	严重低电量报警	%
	限高设置	m	低电量报警	%
	距离限制		参数单位为公制	
6. 成像单元检查	相机、摄像功能测试正常			
7. 航线检查	操作手航线明确		航线无障碍	
8. 操控检查	无人机起飞后低空悬停，确定各项状态正常后方可执行巡检作业			

操控手：　　　　　　　程控手：　　　　　

说明：1. 本检查程序适用于 M210 小型无人直升机。

　　　2. 检查项目应逐条检查，全部确认后才能进行飞行作业。如有问题，应解决问题后方能进行航巡作业。

无人机巡检航后检查单

日期： 无人机型号：

序　号	检查项目	检查确认	检查项目	检查确认
1. 无人机外观检查	无人机外观无损伤		桨叶完好	
	电机座无松动		云台、成像设备完好	
2. 遥控器检查	遥控器外观无损伤（摇杆、按钮使用正常）			
3. 智能电池检查	智能电池外观完好			

操控手：_____ 程控手：_____

附录 F 架空输电线路无人机巡检系统使用记录单

编号：　　　　　　　　　　　　　　　　　巡检时间：　　年　　月　　日

使用机型			任务类型			
巡检线路		天气	风速		气温	
工作负责人			工作许可人			
程控手		操控手	任务手		机务	
架次			每架次作业时间			
1. 系统状态	记录无人机巡检系统航前、航后检查情况，飞行过程中的状态等					
2. 航线信息	如为首次巡检的航线，记录巡检航线周边环境信息，否则记录周边环境信息的变化情况。周边环境信息包括：空中管制区、重要建筑和设施、人员活动密集区、通信阻隔区、无线电干扰区、大风或切变风多发区和森林防火区等的位置和分布					
3. 航巡情况	巡检内容：杆塔号、巡检项目、巡检过程					
4. 其他	记录巡检过程中无人机巡检系统出现的其他异常情况					

记录人（签名）：＿＿＿＿＿＿　　　　　　工作负责人（签名）：＿＿＿＿＿＿

附录 G　架空输电线路多旋翼无人机复合绝缘子红外检测指导手册

1. 适用范围

1.1 本手册适用于 110～220kV 架空输电线路多旋翼无人机复合绝缘子红外检测标准化作业。

1.2 本手册主要内容包括多旋翼无人机巡检的安全要求、技术要求、作业流程、巡检路径、拍摄规则和巡检资料归档等。

2. 引用标准

《架空输电线路运行规程》	(DL/T 741—2010)
《架空输电线路无人直升机巡检系统》	(Q/GDW 11385—2015)
《架空输电线路无人直升机巡检技术规程》	(Q/GDW 11367—2014)
《国家电网公司电力安全工作规程（线路部分)》	(Q/GDW 1799.2—2013)
《架空输电线路无人直升机巡检作业安全工作规程》	(Q/GDW 11399—2015)
《带电设备红外诊断应用规范》	(DL/T 664—2016)
《架空输电线路无人机巡检系统配置导则》	(Q/GDW 11383—2015)

3. 作业人员职责分工

作业人员职责分工见附表 G-1。

附表 G-1　　　　　　　　　作业人员职责分工

机型	角色	人数	作业人员职责及分工
小型机	工作负责人	1	职责：负责组织巡检工作的人员分工、工作前的现场查勘、作业方案的制定、工作票的填写、办理工作许可手续、召开工作班前会和班后会、负责作业全过程管理、工作中突发情况的处理、工作质量的监督、工作后的总结，负责现场飞行安全。可兼任操控手
	作业人员（操控手)	1	职责：利用遥控器以手动或增稳模式控制无人机巡检系统飞行的人员
	作业人员（任务手)	1	职责：操控任务荷载分系统对输电线路复合绝缘子（含跳线串）等进行拍照、摄像的人员
	作业人员（程控手)	1	职责：利用地面控制站以增稳或全自主模式控制无人巡检系统飞行的人员

4. 环境条件及技术要求

4.1 环境条件要求

4.1.1 多旋翼无人机复合绝缘子红外检测气象条件应满足以下要求：温度 0~40℃，相对湿度≤80％，风速≤5m/s（距地面2m高，瞬时风速），无降水。白天天气以阴天、多云为佳。检测不宜在雷、雨、雾、雪等恶劣气象条件下进行。不宜在阳光直射复合绝缘子时进行检测。

4.1.2 复合绝缘子处于带电运行或通电状态或可能引起复合绝缘子表面温度分布特点的状态。

4.2 技术要求

多旋翼无人机红外检测云台技术性能参数应满足附表G-2相关参数要求。

附表 G-2　　　　　　　　　红外云台参数要求

设备名称	名称	参 数
云台参数	角度抖动量	±0.01°
	可控转动范围	俯仰：+30°至-90°
热成像相机参数	镜头	焦距 19mm　FOV 640×512
	像元间距	17μm
	波长范围	7.5~13.5μm
	灵敏度（NEdT）	<50mk @ f/1.0

5. 标准化作业流程

标准化作业流程见附表G-3。

附表 G-3　　　　　　　　　标准化作业流程

工作阶段	作业步骤	作业要求及安全质量要求	危险点及控制措施
准备阶段	现场布置及召开班前会	作业要求：安全措施包括工作负责人组织班组成员设置起飞场地安全围栏、安全警示标志；对照采取的安全措施方案核对现场情况。 安全要求：根据现场地形条件合理布置多旋翼无人机起降点，起降点四周净空条件应良好，满足安全起降要求；避免将起降场地设在巡检线路下方、交通繁忙道路及人口密集区附近；禁止行人和其他无关人员在无人机巡检现场逗留，时刻注意保持与无关人员的安全距离，必要时可设置警戒带，安全围栏、安全警示标志应满足3m×3m要求	操作区域有人进入容易干扰操作，造成人身伤害，应在操作区域靠近行人侧加装围栏
		作业要求：列队，检查作业人员穿工作服、戴安全帽、身体健康、精神状态良好。对照工器具明细表的规格数量进行检查、核对。检查、核对交通车辆。工作负责人向全体工作人员宣读工作任务、人员分工、飞控方式，告知工作中存在的危险点及采取的预控措施。班组各成员在站班会记录、工作票（工作单）签字确认。 安全质量要求：作业前应掌握巡检设备的型号和参数、杆塔坐标及高度、巡检线路周围地形地貌和周边交叉跨越情况；巡检工作现场已经经过查勘，作业人员已进行安全技术交底，现场安全措施已全部落实	飞行前操作手精神状态不佳易导致飞行事故的发生，应确认操作手精神状态

工作阶段	作业步骤	作业要求及安全质量要求	危险点及控制措施
准备阶段	设备安装及飞前检查	作业要求 1：设备组装：程控手正确安装 D-RTK 地面端，天线安装正确，操控手正确安装多旋翼无人机及其零部件，RTK 天空端，安装应牢固不松动；任务手正确安装红外云台，检查云台接口、接口排线、防震增稳装置是否异常。安装多旋翼无人机电池、遥控器电池，检查数据链路、图传链路、导航链路。作业人员完成设备组装后，互相检查按照结果，工作负责人负责组装成果最终检查。 安全质量要求：D-RTK 地面端天线安装正确周边无遮挡与遥控器之间无遮挡；红外云台安装正确，云台朝向正前方，图传信号良好，画面正常无抖动、偏移，数据链路、导航链路正常；多旋翼无人机、遥控器电池安装到位，电池电量符合要求	D-RTK 天线安装不正确会导致无法接受卫星信号，RTK 天空端安装不牢固，会导致飞行过程中丢星或卫星信号不稳。电池安装不牢固会导致飞行过程失电，测控系统电压不够导致飞行过程不能监控。应复核各部件正确牢固连接
		作业要求 2：外观检查：操控手和任务手配合进行多旋翼无人机、遥控器及移动设备安装，检查设备外观，确认云台电机无卡滞、桨叶紧固、支架部件牢固。D-RTK 地面端支架应稳固，不晃动。 安全质量要求：多旋翼无人机桨叶及机身无裂纹、破损等异常状况，云台镜头无污渍、水汽凝集等，支架卡扣应卡紧，不反弹。D-RTK 天线无折损，表面无污渍	多旋翼无人机机身裂缝、桨叶破损，将导致多旋翼无人操控稳定性下降，威胁飞行安全；支撑支架安装不牢将导致无人机无法安全降落。进行交互检查，确保各部件正常
		作业要求 3：功能检查：将 D-RTK 地面端、移动设备、遥控器及多旋翼无人机依次通电，待无人机自检完毕，按软件操作要求进行指南针校准，操控手和任务手配合确认图像传输、卫星数量、无人机电池电量、软件各参数（限高、限远、摇杆方案……）设置均正常。 安全质量要求：D-RTK 地面端电源通电正常，通信指示灯显示绿色，软件显示 RTK 工作正常；无人机电池安装到位，电量充足	RTK 连接异常导致无人飞行精度下降，照片拍摄质量下降
		作业要求 4：旋翼检查：操控手确认多旋翼无人机电池电压正常，卫星颗数及精度正常后，启动电机；任务手观察无人机旋翼动作情况进行确认。 安全质量要求：多旋翼无人机电池正常；无人机旋翼动作正常，电机无异响	旋翼臂安装不牢固导致飞行事故，应确认旋翼臂卡扣紧固
		1～4 条对应填写《无人机巡检航前/航后检查单》 安全质量要求：航前/航后检查单填写要规范、准确	无

工作阶段	作业步骤	作业要求及安全质量要求	危险点及控制措施
作业阶段	多旋翼无人机启动	作业要求：操控手再次确认多旋翼无人机电池电压、卫星颗数、精度、遥控器信号正常，遥控器上各开关位置正确后，将多旋翼无人机升空。升空至2m高度进行功能检测。 安全质量要求：多旋翼无人操控正常，图传信号、数据链接、导航链接正常，拍照功能正常	启动前若遥控器油门等不在初始位置易造成事故，应确认所有键位和舵量在初始位置
	任务飞行	作业要求：多旋翼无人机离地10m后，操控手手动操控无人机朝巡视目标飞行，飞行过程中任务手严密监控遥控遥测数据，如发现异常及时通报。如发现多旋翼无人机姿态不稳并且连续大幅度波动，操控手应立即做返航处理。 典型塔型巡检步骤及方法见附录H 安全质量要求： （1）多旋翼无人机巡检时应与架空输电线路保持足够的安全距离。 （2）拍摄目标绝缘子背景温度应低于所拍摄绝缘子的温度，拍摄背景一般为天空。 多旋翼无人机距拍摄目标距离应可清晰分辨绝缘子伞裙和芯棒。 （3）拍摄目标绝缘子检测位置的伞裙不应遮挡芯棒。 （4）检测位置一般为绝缘子高压端、低压端、异常发热位置。 （5）同一复合绝缘子每个拍摄点每次拍摄两张红外照片。 （6）详细记录巡检作业时现场各项数据资料，据实填写《复合绝缘子红外检测杆塔记录表》	（1）飞行过程中触碰到沿途交叉跨越线路导致事故，应通过肉眼和任务设备观测与交叉跨越线路的位置。 （2）飞行过程中因天气原因导致的丢星容易造成碰撞线路，因此丢星后必须将飞机朝杆塔反方向拉。 （3）电池低电量报警后必须将飞机返航，若飞行距离较远应在报警前提前返航。 （4）距离带电设备距离过近，无人机容易受到电磁干扰失控，应注意控制无人机与带电设备的安全距离，并实时监控无人机的飞行姿态，发现异常及时处置。 （5）应规划应急航线，包括航线转移策略、安全返航路径和应急迫降点等，做好防范措施及事故紧急处理措施

工作阶段	作业步骤	作业要求及安全质量要求	危险点及控制措施
作业阶段	返航降落	作业要求：多旋翼无人机巡视完成任务后，按照预定路线返回，到达起降场正上方后悬停；操控手控制多旋翼无人机下降高度，任务手监控遥控遥测数据，告知操控手多旋翼无人机下降速度等数据；待无人机下降至离地 10m 左右时，操控手缓慢将多旋翼无人机安全降落至地面。 安全质量要求：按照制定返航航迹飞行，严禁穿越线路返航	飞行过程中触碰到沿途交叉跨越线路导致事故，应通过肉眼和任务设备观测与交叉跨越线路的位置
	系统关闭	作业要求：关闭多旋翼无人机电源、遥控器电源和 D-RTK 地面端电源，取下任务设备，将拍摄数据资料导出。 安全质量要求：先关闭遥控器、再关闭无人机，然后关闭 D-RTK 地面端。数据按拍摄日期进行保存，按线路进行分析整理	旋翼停止转动前靠近时容易造成人身伤害，应确保旋翼停止转动
结束阶段	飞行后检查	作业要求：再次按照规范对整机进行全面检查，确保多旋翼无人机正常，记录不正常设备部件，做好记录，待内场维护更换。填写《无人机航前/航后检查单》 安全质量要求：各项记录表应填写规范，数据记录准确	无
	系统撤收	作业要求：将多旋翼无人机、遥控器及移动设备回收固定，清洁维护。 安全质量要求：按照各自工作职责，明确分工回收无人机、D-RTK、遥控器、风速仪等器材	机体固定不牢固运输时容易造成损伤，电池若被挤压碰撞容易造成爆炸，应确保所有物品有序牢固摆放
	清理现场	作业要求：整理工具、材料，将工器具清洁后放入专用箱中。清理现场，做到工完、场地清。 安全质量要求：不得将工作、生活垃圾遗留作业现场；确保作业现场无遗留工器具器材	无
	召开班后会	作业要求：组织召开现场班后会，做简短工作总结和点评，包括工作的质量；作业中的安全措施的落实情况；对规程的执行情况。填写《架空输电线路无人机巡检系统使用记录单》 安全质量要求：记录单填写要真实准确，相关人员需签字确认	无
	资料存档	作业要求：巡检小组完成巡检数据分析、工作总结等记录，并将数据分析结果、各项技术资料、报告及报表移交运行或生技归档保存。 安全质量要求：数据分析要求准确头翔实，报告报表规范正确	无

附录 H 复合绝缘子无人机红外检测标准化作业方法

一、 单回路直线杆塔复合绝缘子无人机红外检测方法

1. 使用范围

适用于多旋翼无人机红外检测 110～220kV 单回路直线杆塔复合绝缘子。

2. 主要工器具

主要工器具见附表 H-1。

附表 H-1   单回路直线杆塔复合绝缘子无人机红外检测主要工器具

序号	名　　称	规格型号	数量	单位	备　注
1	多旋翼无人机巡检系统	经纬 M210	1	套	D-RTK 套件
2	安全帽		4	顶	
3	激光测距仪		1	部	
4	对讲机		3	台	
5	风速仪		1	台	
6	温湿度计		1	台	
7	无人机专用工具套装		1	套	
8	围栏带		1	卷	
9	光照仪		1	部	
10	随车急救药品		1	套	
11	望远镜		1	部	

3. 标准化作业方法

巡检作业点：在杆塔两侧，顺线路方向分别有 A、B、C、D 四个巡检作业点，以下简称 A、B、C、D 点，如附图 H-1 所示。

（1）操控多旋翼无人机从起降场起飞。

（2）操控多旋翼无人机飞行至 A 点（边相绝缘子本体小号侧），对边相、中相绝缘子本体进行红外照片采集。

（3）操控多旋翼无人机向 B 点移动，移动过程中对绝缘子外观进行检查。移动过程中保持高度不变，对线路水平距离不改变。

（4）在 B 点（边相绝缘子本体大号侧），对边相、中相绝缘子本体进行红外

附图 H-1　单回路直线杆塔复合绝缘子无人机红外检测巡检作业点

照片采集。

（5）缓慢上升至杆塔全高＋10m 高度，跨越杆塔至另一侧 C 点（边相绝缘子本体大号侧）位置，对边相、中相绝缘子本体进行红外照片采集。

（6）操控多旋翼无人机向 D 点移动，移动过程中对绝缘子外观进行检查。移动过程中保持高度不变，对线路水平距离不改变。

（7）在 D 点（边相绝缘子本体小号侧），对边相、中相绝缘子本体进行红外照片采集。

（8）操控多旋翼无人机返回起降场降落，检查照片拍摄结果。

二、双回路直线杆塔复合绝缘子无人机红外检测方法

1. 使用范围

适用于多旋翼无人机红外检测 110～220kV 双回路直线杆塔复合绝缘子。

2. 主要工器具

主要工器具见附表 H-2。

附表 H-2　双回路直线杆塔复合绝缘子无人机红外检测主要工器具

序号	名　称	规格型号	数量	单位	备　注
1	多旋翼无人机巡检系统	经纬 M210	1	套	D-RTK 套件
2	安全帽		4	顶	
3	激光测距仪		1	部	
4	对讲机		3	台	
5	风速仪		1	台	

序号	名　　称	规格型号	数量	单位	备　注
6	温湿度计		1	台	
7	无人机专用工具套装		1	套	
8	围栏带		1	卷	
9	光照仪		1	部	
10	随车急救药品		1	套	
11	望远镜		1	部	

3. 标准化作业方法

巡检作业点：在杆塔两侧，顺线路方向分别有 A、B、C、D 四个巡检作业点，以下简称 A、B、C、D 点，如附图 H-2 所示。

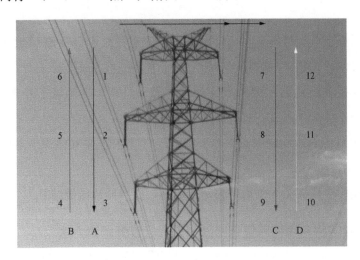

附图 H-2　双回路直线杆塔复合绝缘子无人机红外检测巡检作业点

（1）操控多旋翼无人机从起降场起飞。

（2）起飞后缓慢上升至 A 点上相，机身与 A 位置绝缘子小号侧串高压端水平。以绝缘子中心偏下 0.1～0.3m（以伞裙对芯棒无遮挡为佳），绝缘子串水平距离 5m，线路方向 2～3m 处位置拍摄效果最佳。对左侧、右侧导线上相绝缘子本体进行拍照。排除地面、杆塔对绝缘子伞裙、金具的遮挡影响，体现芯棒温度。

（3）缓慢下降至 A 点中相，移动过程中对绝缘子外观检查，重复步骤（1）。

（4）缓慢下降至 A 点下相，移动过程中对绝缘子外观检查，重复步骤（1）。

（5）缓慢移动多旋翼无人机至 B 点下相，移动过程中保持无人机与线路安全水平距离不变，对绝缘子外观检查。机身与 B 点绝缘子大号侧串高压端水平。以绝缘子中心偏下 0.1～0.3m（以伞裙对芯棒无遮挡为佳），绝缘子串水平距离 5m，线路方向 2～3m 处位置拍摄效果最佳。对左侧、右侧导线下相绝缘子本体进行拍照。排除地面、杆塔对绝缘子伞裙、金具的遮挡影响，体现芯棒温度。

（6）缓慢上升至 B 点中相，移动过程中对绝缘子外观检查，重复步骤（4）。

（7）缓慢上升至 B 点上相，移动过程中对绝缘子外观检查，重复步骤（4）。

（8）缓慢上升至杆塔高度＋10m，翻越杆塔至另一侧 C 位置，缓慢下降，拍摄 C 位置上相。移动过程中保持多旋翼无人机与线路安全水平距离不变，对绝缘子外观检查。机身与 C 点绝缘子大号侧串高压端水平。以绝缘子中心偏下 0.1～0.3m（以伞裙对芯棒无遮挡为佳），绝缘子串水平距离 5m，线路方向 2～3m 处位置拍摄效果最佳。对左侧、右侧导线上相绝缘子本体进行拍照。排除地面、杆塔、对绝缘子伞裙、金具的遮挡影响，体现芯棒温度。

（9）缓慢下降至 C 点中相，移动过程中对绝缘子外观检查，重复步骤（7）。

（10）缓慢下降至 C 点下相，移动过程中对绝缘子外观检查，重复步骤（7）。

（11）缓慢移动多旋翼无人机至 D 点下相，移动过程中保持无人机与线路安全水平距离不变，对绝缘子外观检查。机身与 D 点绝缘子大号侧串高压端水平。以绝缘子中心偏下 0.1～0.3m（以伞裙对芯棒无遮挡为佳），绝缘子串水平距离 5m，线路方向 2～3m 处位置拍摄效果最佳。对左侧、右侧导线下相绝缘子本体进行拍照。排除地面、杆塔对绝缘子伞裙、金具的遮挡影响，体现芯棒温度。

（12）缓慢上升至 D 点中相，移动过程中对绝缘子外观检查，重复步骤（10）。

（13）缓慢上升至 D 点上相，移动过程中对绝缘子外观检查，重复步骤（10）。

（14）操控多旋翼无人机返回起降场降落，检查照片拍摄结果。

三、 单回路耐张杆塔复合绝缘子无人机红外检测方法

1. 使用范围

适用于多旋翼无人机红外检测 110～220kV 单回路耐张杆塔复合绝缘子。

2. 主要工器具

主要工器具见附表 H－3。

附表 H‐3　单回路耐张杆塔复合绝缘子无人机红外检测主要工器具

序号	名　　称	规格型号	数量	单位	备　注
1	多旋翼无人机巡检系统	经纬 M210	1	套	D‐RTK 套件
2	安全帽		4	顶	
3	激光测距仪		1	部	
4	对讲机		3	台	
5	风速仪		1	台	
6	温湿度计		1	台	
7	无人机专用工具套装		1	套	
8	围栏带		1	卷	
9	光照仪		1	部	
10	随车急救药品		1	套	
11	望远镜		1	部	

3. 标准化作业方法

巡检作业点：在杆塔两侧，顺线路方向分别有 A、B、C、D 四个巡检作业点，以下简称 A、B、C、D 点，如附图 H‐3 所示。

附图 H‐3　单回路耐张杆塔复合绝缘子无人机红外检测巡检作业点

（1）操控多旋翼无人机从起降场起飞。

（2）操控多旋翼无人机飞行至 A 点（边相绝缘子本体小号侧），先飞至绝缘子串水平位置，然后向下移动 5m，以仰视角度 20°对边相、中相绝缘子本体小号侧进行红外照片采集。

（3）操作多旋翼无人机向 B 点移动，移动过程中对绝缘子外观进行检查。移动过程中保持高度不变，对线路水平距离不改变。

（4）在 B 点（边相绝缘子本体大号侧），先飞至绝缘子串水平位置，然后向下移动 5m，以仰视角度 20°对边相、中相绝缘子本体大号侧进行红外照片采集。

（5）缓慢上升至杆塔高度＋10m，翻越杆塔至另一侧，操控多旋翼无人机飞行至 C 点（边相绝缘子本体大号侧），先飞至绝缘子串水平位置，然后向下移动 5m，以仰视角度 20°对边相、中相绝缘子本体大号侧进行红外照片采集。

（6）重复步骤 3。

（7）在 D 点（边相绝缘子本体小号侧），先飞至绝缘子串水平位置，然后向下移动 5m，以仰视角度 20°对边相、中相绝缘子本体小号侧进行红外照片采集。

（8）对耐张杆塔跳线串，以其所在相别就近拍摄。按照先小号侧后大号侧的顺序，在耐张串拍摄结束后进行拍摄。

（9）操控多旋翼无人机返回起降场降落，检查照片拍摄结果。

四、 双回路耐张杆塔标准化作业指导书

1. 使用范围

适用于多旋翼无人机红外检测 110～220kV 双回路耐张杆塔复合绝缘子。

2. 主要工器具

主要工器具见附表 H‐4。

附表 H‐4　　　双回路耐张杆塔标准化作业主要工器具

序号	名　称	规格型号	数量	单位	备　注
1	多旋翼无人机巡检系统	经纬 M210	1	套	D‐RTK 套件
2	安全帽		4	顶	
3	激光测距仪		1	部	
4	对讲机		3	台	
5	风速仪		1	台	
6	温湿度计		1	台	
7	无人机专用工具套装		1	套	
8	围栏带		1	卷	
9	光照仪		1	部	
10	随车急救药品		1	套	
11	望远镜		1	部	

3. 标准化作业流程

巡检作业点：在杆塔两侧，顺线路方向分别有 A、B、C、D 四个巡检作业点，以下简称 A、B、C、D 点，如附图 H-4 所示。

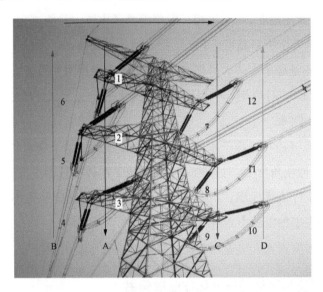

附图 H-4　双回路耐张杆塔标准化巡检作业点

（1）操控多旋翼无人机从起降场起飞。

（2）起飞后缓慢上升至 A 点上相，先飞至绝缘子串水平位置，然后向下移动 5m，以仰视角度 20°对上相绝缘子本体进行拍照。排除杆塔对绝缘子伞裙、金具的遮挡影响，体现芯棒温度。

（3）缓慢下降至 A 点中相，移动过程中对绝缘子外观检查，重复步骤（1）。

（4）缓慢下降至 A 点下相，移动过程中对绝缘子外观检查，重复步骤（1）。

（5）缓慢移动多旋翼无人机至 B 点下相，移动过程中保持多旋翼无人机与线路安全水平距离不变，对绝缘子外观检查。先飞至绝缘子串水平位置，然后向下移动 5m，以仰视角度 20°对下相绝缘子本体进行拍照。排除杆塔对绝缘子伞裙、金具的遮挡影响，体现芯棒温度。

（6）缓慢上升至 B 点中相，移动过程中对绝缘子外观检查，重复步骤（4）。

（7）缓慢上升至 B 点上相，移动过程中对绝缘子外观检查，重复步骤（4）。

（8）缓慢上升至杆塔高度＋10 米，翻越杆塔至另一侧 C 点，缓慢下降，拍摄 C 点上相。移动过程中保持多旋翼无人机与线路安全水平距离不变，对绝缘子外观检查。先飞至绝缘子串水平位置，然后向下移动 5m，以仰视角度 20°对上相绝缘子本体进行拍照。排除杆塔对绝缘子伞裙、金具的遮挡影响，体现芯棒温度。

（9）缓慢下降至 C 点中相，移动过程中对绝缘子外观检查，重复步骤（7）。

（10）缓慢下降至 C 点下相，移动过程中对绝缘子外观检查，重复步骤（7）。

（11）缓慢移动多旋翼无人机至 D 点下相，移动过程中保持多旋翼无人机与线路安全水平距离不变，对绝缘子外观检查。先飞至绝缘子串水平位置，然后向下移动 5m，以仰视角度 20°对下相绝缘子本体进行拍照。排除杆塔、对绝缘子伞裙、金具的遮挡影响，体现芯棒温度。

（12）缓慢上升至 D 点中相，移动过程中对绝缘子外观检查，重复步骤（10）。

（13）缓慢上升至 D 点上相，移动过程中对绝缘子外观检查，重复步骤（10）。

（14）双回耐张塔跳线串，以其所在相别就近拍摄。按照先小号侧后大号侧的顺序，在耐张串拍摄结束后进行拍摄。

（15）操控多旋翼无人机安全返航，检查照片拍摄结果。

参 考 文 献

[1] 张祥全，苏建军．架空输电线路无人机巡检技术［M］．北京：中国电力出版社，2016.

[2] 葛雄，金哲，刘志刚，等．超、特高压输电线路无人机巡检典型案例分析［J］．电工技术，2017（09）：100-101+103.

[3] 汤明文，戴礼豪，林朝辉，等．无人机在电力线路巡视中的应用［J］．中国电力，2013，46（03）：35-38.

[4] 国家电网公司运维检修部．架空输电线路无人机巡检影像拍摄指导手册［S］．北京：中国电力出版社，2018.

[5] 国家电网公司运维检修部．架空输电线路无人机巡检作业安全工作规程［S］．北京：中国电力出版社，2015.

[6] 苏奕辉．架空输电线路隐患、缺陷及故障表象辨识图册［M］．北京：中国电力出版社，2017.

[7] 李春锦，文泾，无人机系统的运行管理［M］．北京：北京航空航天大学出版社，2011.

[8] 孙毅．无人机驾驶员航空知识手册［M］．北京：中国民航出版社，2014.

[9] 辛愿，刘鹏．论我国民用无人机领域的立法规制［J］．职工法律天地：下，2018（8）：105-105.

[10] 刘季伟．论民用无人机"黑飞"的法律规制［D］．山东：山东科技大学，2017.